计算流体动力学

——理论与实例

董　非　范秦寅　胡兴军　尹必峰　编著

清华大学出版社

北京

内 容 简 介

数值模拟、实验研究和理论分析，常作为支持流体力学研究的工具，三者相互支持，共同推动着流体力学的发展。数值模拟在某些情况下具有独特的优势，尤其是当现象极其复杂，难以通过实验或理论研究时，数值模拟就成为基础研究的有力手段。

通过计算机进行数值计算，对各种流体流动进行分析的过程被称为计算流体力学(computational fluid dynamics，CFD)。本书涵盖了 CFD 所需的数值方法，重点关注不可压缩流动的求解器，并深入讨论了离散化技术、边界条件和湍流物理。第 1 章主要介绍流体流动的控制方程和数值模拟方法；第 2 章主要介绍对流扩散方程的有限差分离散化方法；第 3 章主要介绍不可压缩流动的数值模拟方法；第 4 章主要介绍湍流的数值模拟方法；第 5 章主要介绍大涡模拟的求解方法。为帮助读者更好地理解和应用这些概念，本书在最后，以管道内湍流为例，提供了完整的计算机源代码，以供读者参考和实践。

图书在版编目(CIP)数据

计算流体动力学：理论与实例/董非等编著.—北京：清华大学出版社，2024.6
ISBN 978-7-302-65108-6

Ⅰ.①计… Ⅱ.①董… Ⅲ.①计算流体力学－高等学校－教材 Ⅳ.①O35

中国国家版本馆 CIP 数据核字(2024)第 009439 号

责任编辑：许　龙
封面设计：傅瑞学
责任校对：王淑云
责任印制：刘　菲

出版发行：清华大学出版社
　　　　网　　　址：https://www.tup.com.cn，https://www.wqxuetang.com
　　　　地　　　址：北京清华大学学研大厦 A 座　　　邮　　编：100084
　　　　社 总 机：010-83470000　　　　　　　　　邮　　购：010-62786544
　　　　投稿与读者服务：010-62776969，c-service@tup.tsinghua.edu.cn
　　　　质量反馈：010-62772015，zhiliang@tup.tsinghua.edu.cn
印 装 者：大厂回族自治县彩虹印刷有限公司
经　销：全国新华书店
开　本：185mm×230mm　印　张：11.25　　字　数：242 千字
版　次：2024 年 6 月第 1 版　　　　　　　印　次：2024 年 6 月第 1 次印刷
定　价：48.00 元

产品编号：096245-01

近年来，计算流体力学（computational fluid dynamics，CFD）的迅速发展和广泛应用，推动了流体力学及其交叉学科向更深层次发展。CFD 已成为力学研究的重要工具，并已深入到相关工程技术领域，为各种实际工程应用提供了强大支持。在自然界和工程应用中，大多数流动都是湍流。尽管湍流作为经典力学的一部分已经被研究了一个多世纪，但它仍然是物理学中未解决的问题之一。

目前，已经发布了一些具有湍流分析功能的商用 CFD 软件。这些软件能够实现漂亮的湍流可视化，似乎数字可以预测任何类型的流动。然而，即使这种能力可能有一定的真实性，但如果不依靠相应的实物实验，仍然很难解决大多数湍流问题。这就引出了一个问题：为什么我们仍然无法完美地预测湍流的行为？湍流的动力学遵循 Navier-Stokes 方程，这是 CFD 求解的基础。然而，湍流表现出在大范围的空间和时间尺度上的流动结构，它们之间以复杂的非线性方式相互作用。这意味着不仅需要精细的空间网格来捕捉最小尺度的流动结构，同时还需要确保计算域足够大以涵盖最大的流动结构。然而，随着雷诺数的增加，这种网格要求变得越来越严苛，即使是高性能计算机也难以处理这些高雷诺数流的精细网格。

因此，我们仍然依赖于适当的湍流模型来预测湍流的基本特征。尽管现有的湍流模型可以为我们提供一些有用的预测，但还没有一种公认的湍流模型或算法能够得到不受流场离散化影响的数值解。这意味着我们需要不断改进和开发新的湍流模型以更好地预测和控制湍流行为。本书的出版旨在满足这一需求。它强调基础理论、算法和应用的讲解，并通过算例帮助读者深入理解这些理论和算法。同时，本书还将课程内容与研究工作相结合，为读者提供全面的计算流体动力学的学习体验。

本书的作者曾在大阪大学 Takeo Kajishima 教授的流体工程研究室工作和学习。Kajishima 教授曾任日本流体力学学会会长，对于流体力学的研究和教学有着独特而深入的见解，他对本书的编写给予了极大的关心和指导，教材中部分内容也来源于其课堂使用的材料。特此向他表示感谢。还要感谢辛俐博士、许晟博士和博士研究生陈鑫，他们在资料收集、图片制作和公式校对方面付出了很多努力。希望本书的出版能促进我国计算流体动力学理论与工程的发展。由于作者才疏学浅，难免存在不当之处，希望广大读者给予批评和指正。

作 者

江苏镇江 2024 年 4 月

第 1 章

流体流动的数值模拟

1.1 引言

数值模拟、实验研究和理论分析,常作为工具来支持科学和工程方面的研究和发展,三者各有优势。但是,实验研究往往受到实验条件与环境的限制,理论分析要对计算对象进行简化之后才能得出结果,而数值模拟相较于实验研究和理论分析在效率、安全性和成本等方面都具有一定的优势。尤其是随着计算机技术的普及与发展,数值模拟在工业界也得到了推广应用。同时,数值模拟可分析一些难以用实验测量或理论研究的复杂现象,成为基础研究的有力工具。"计算"这门技术已被广泛用于各个学科(如物理、化学、材料)及其子领域中应用模拟的部分。

通过计算机数值计算和图像显示,对包含各种流体流动和热传导的相关物理现象进行分析被称为计算流体动力学(computational fluid dynamics,CFD)。CFD 的应用领域包括:

(1) 飞机、轮船、列车以及汽车周围的流体流动;

(2) 涡轮机械内部的流体流动;

(3) 生物医学中的流体流动;

(4) 环境、土木工程和建筑学中的流体流动;

(5) 天体动力学、天气预报和海洋学中的大尺度流体流动。

对于由几何边界、外部力以及流体属性引起的复杂物理现象中的流体流动通常很难求得解析解。但在 CFD 中,通过数值模拟求解控制方程并使用计算机再现流场,可以对上述复杂的物理现象进行分析和预测。

一般来说,流体可视作连续介质,需满足质量、动量和能量守恒定律。工程应用中的流体,都存在着公认的本构关系、气体状态方程以及相变或化学反应方程构成的方程组。流动模拟是指利用合适的初始以及边界条件求解方程组,进而再现真实的流体运动。数值模拟时,流场采用诸如速度、压力、密度和温度等变量的离散点集合加以表示,通过追踪上述变量随时间的变化来表示流动现象。

由于采用离散点近似代替连续体,所以 CFD 能否正确地再现流动现象始终是问题所在。只有当数值方法经过实验测量或理论验证后,才能获得可靠的数值解,验证时所用的参数必须限制在其适用范围内。虽然 CFD 在设计领域和基础研究方面已经取得了许多成果,但适用性更广泛且更稳定的精确数值方法在未来将继续被探究。

1.2   流体流动模拟概述

模拟流体流动的一般过程如图 1.1 所示。

(1)求解纳维-斯托克斯(Navier-Stokes,N-S)方程,利用无黏性近似或其他近似再现相关的流动物理现象。必要时选择湍流模型和非牛顿本构方程。在此基础上,得到需要求解的偏微分控制方程。

(2)用有限差分法、有限体积法或有限元法离散控制方程,并选择合适的网格,推导出相应的离散方程组。然后,确定数值算法来求解离散方程组并编写计算机程序。

(3)流体流动的数值模拟可输出大量数据作为方程组的解。但仅靠这些数据来进行分析仍然十分困难。因此,可以使用计算机图形和动画可视化来辅助分析模拟的结果。

因此,若要模拟流体流动,仅仅掌握流体力学的相关知识是远远不够的,还必须掌握离散化方法和数值算法的数值分析知识,以及用于编程和可视化的计算机知识。这些知识的融合对于运用 CFD 是十分必要的。为确保流体流动数值模拟结果的可靠性,还必须对结果

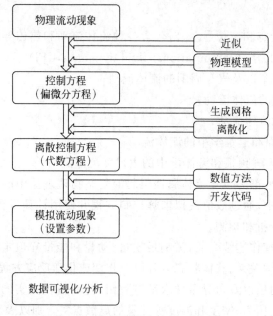

图 1.1   模拟流体流动的一般过程

加以验证和确认,有关内容将在 1.6 节进一步讨论。

1.3　控制方程

本节将介绍流体流动的控制方程。欧拉表示法和拉格朗日表示法可以用来描述流场。欧拉表示法把流体的特性(质量、密度、速度、温度、熵、焓等)定义为空间位置和时间的函数;而拉格朗日表示法侧重于流体微元,把流体的特性用流体微元的初始坐标来逐个描述。

流场的两种表示方法以及从向量和张量分析开始推导控制方程的相关细节,有兴趣的读者可以参阅相关文献。本书的内容主要是离散基于欧拉公式的控制方程。因此,后续内容都基于欧拉表示法[1]。

1.3.1　守恒定律

流体流动控制方程包括质量、动量及能量守恒方程。

首先是质量守恒方程。如图 1.2 所示,流体密度用 ρ 表示,控制体的体积和表面积分别为 V 和 S,其中表面(指向外)上的单位法向量为 $\boldsymbol{n}$,流速为 $\boldsymbol{u}$。控制体内质量的变化速率由通过表面进入和离开该控制体的质量通量 $(\rho\boldsymbol{u})\cdot\boldsymbol{n}$ 组成(假设没有质量源或汇)。则有

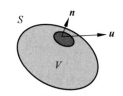

图 1.2　守恒定律控制体

$$\iiint_V \frac{\partial \rho}{\partial t}\mathrm{d}V = -\iint_S (\rho\boldsymbol{u})\cdot\boldsymbol{n}\,\mathrm{d}S \tag{1.1}$$

流入质量为负 $(\rho\boldsymbol{u}\cdot\boldsymbol{n}<0)$,流出质量为正 $(\rho\boldsymbol{u}\cdot\boldsymbol{n}>0)$。

根据高斯定理,将式(1.1)右边的面积分写成体积分并移项,得

$$\iiint_V \left[\frac{\partial \rho}{\partial t} + \nabla\cdot(\rho\boldsymbol{u})\right]\mathrm{d}V = 0 \tag{1.2}$$

式(1.1)和式(1.2)是质量守恒的积分形式。由于方程(1.2)对任意控制体的被积量须为 0。因此有

$$\frac{\partial \rho}{\partial t} + \nabla\cdot(\rho\boldsymbol{u}) = 0 \tag{1.3}$$

上式为质量守恒的微分形式。

通过类似的控制体分析,可推导出动量和能量守恒方程。利用张量将质量、动量和能量守恒定律在单个方程中表达出来。控制体 V 的 3 个守恒定律的积分表示为

$$\iiint_V \frac{\partial \boldsymbol{\Lambda}}{\partial t}\mathrm{d}V = -\iint_S \boldsymbol{\Pi}\cdot\boldsymbol{n}\,\mathrm{d}S + \iiint_V \boldsymbol{\Gamma}\mathrm{d}V \tag{1.4}$$

$$\iiint_V \left(\frac{\partial \boldsymbol{\Lambda}}{\partial t} + \nabla \cdot \boldsymbol{\Pi} - \boldsymbol{\Gamma} \right) dV = 0 \tag{1.5}$$

相应的微分形式为

$$\frac{\partial \boldsymbol{\Lambda}}{\partial t} + \nabla \cdot \boldsymbol{\Pi} = \boldsymbol{\Gamma} \tag{1.6}$$

此处,矢量 $\boldsymbol{\Lambda}$ 表示守恒量(单位体积):

$$\boldsymbol{\Lambda} = \begin{bmatrix} \rho \\ \rho \boldsymbol{u} \\ \rho E \end{bmatrix} \tag{1.7}$$

式中,E 是单位质量的总能量,它由内能(单位质量)e 和动能 k 组成:

$$E = e + k \tag{1.8}$$

动能定义为

$$k = \frac{|\boldsymbol{u}|^2}{2} \tag{1.9}$$

$\boldsymbol{\Pi}$ 是 $\boldsymbol{\Lambda}$ 的通量:

$$\boldsymbol{\Pi} = \begin{bmatrix} \rho \boldsymbol{u} \\ \rho \boldsymbol{uu} - \boldsymbol{T} \\ \rho E \boldsymbol{u} - \boldsymbol{T} \cdot \boldsymbol{u} + \boldsymbol{q} \end{bmatrix} \tag{1.10}$$

式中,$\rho \boldsymbol{u}$ 为式(1.7)中第二行单位体积的动量,也作为式(1.10)第一行的质量通量。$\rho \boldsymbol{uu} - \boldsymbol{T}$ 代表动量方程中的动量通量张量,由 $\rho \boldsymbol{uu}$ 和 $\boldsymbol{T}$ 两部分组成。$\rho \boldsymbol{uu}$ 表示动量 $\rho \boldsymbol{u}$ 以速度 $\boldsymbol{u}$ 运动的通量,$\boldsymbol{T}$ 表示由控制体的表面张力所引起的动量交换。在能量守恒方程中,$\rho E \boldsymbol{u}$ 是能量通量,$\boldsymbol{T} \cdot \boldsymbol{u}$ 是应力做的功,$\boldsymbol{q}$ 是热通量。通过取 $\boldsymbol{\Pi}$ 和单位法向量 $\boldsymbol{n}$ 的内积,得到每单位时间和单位面积通过控制面的物理量。由于 $\boldsymbol{n}$ 表示式(1.4)中的控制表面 S 上向外的单位法向量,因此 $\boldsymbol{\Pi} \cdot \boldsymbol{n}$ 的正负分别对应于控制面的流出和流入。

假设相应控制体内没有汇点、源点或热产生。如果体积力 $\boldsymbol{f}$ 作用在流体上,就会产生动量和功,使得式(1.6)的右边变成

$$\boldsymbol{\Gamma} = \begin{bmatrix} 0 \\ \rho \boldsymbol{f} \\ \rho \boldsymbol{u} \cdot \boldsymbol{f} \end{bmatrix} \tag{1.11}$$

需要注意,式(1.4)和式(1.5)表示的是守恒量的变化,这种变化是由控制体表面和体积内源之间的通量导致的。

1.3.2　控制方程的封闭

为求解流体流动的控制方程,需要将未知数个数与方程数目相匹配,这种匹配称为系统

方程的封闭。对于流动方程,需要在通量 $\boldsymbol{\Pi}$ 中通过 ρ、$\boldsymbol{u}$、E 来表示应力 $\boldsymbol{T}$ 和热通量 $\boldsymbol{q}$。它们之间构成的关系式被称为本构方程。

对于牛顿流体,应力张量 $\boldsymbol{T}$ 表示为压力和黏性应力的总和,并有以下关系:

$$\boldsymbol{T} = -p\boldsymbol{I} + 2\mu\left(\boldsymbol{D} - \frac{1}{3}\boldsymbol{I}\nabla\cdot\boldsymbol{u}\right) \tag{1.12}$$

式中使用了斯托克斯公式。其中,$\boldsymbol{I}$ 为单位张量,p 为静压力,μ 为动力黏度,$\boldsymbol{D}$ 为应变张量,可用下式表示:

$$\boldsymbol{D} = \frac{1}{2}\left[(\nabla\boldsymbol{u})^{\mathrm{T}} + \nabla\boldsymbol{u}\right] \tag{1.13}$$

对于热通量 $\boldsymbol{q}$,可通过傅里叶定理得出:

$$\boldsymbol{q} = -k\nabla T \tag{1.14}$$

式中,T 为绝对温度;k 为导热系数。对于牛顿流体,μ 和 k 可表示为 T 的函数(比如 $\mu(T)$ 和 $k(T)$)。

在此引入了 T 和 p,且二者可通过状态方程与 ρ 建立联系。假设流体是处于热力学平衡的理想气体,则理想气体状态方程为

$$p = \rho RT = (\gamma-1)\rho e \tag{1.15}$$

式中,$\gamma = c_p/c_V$ 为绝热指数,c_V 是定容比热,$c_p = (c_V + R)$ 为定压比热,R 为气体常数。内能 e 为

$$e = c_V T \tag{1.16}$$

或 $\mathrm{d}e = c_V\mathrm{d}T$。在上述方程都满足的情况下,系统方程是封闭的。式(1.4)～式(1.6)仅以未知数 ρ、$\boldsymbol{u}$ 和 E 表示。因此,未知数个数与方程数目得到匹配。

1.3.3 散度和梯度形式

质量守恒方程也称为连续性方程,适用于没有汇或源的流动,其形式为

$$\frac{\partial\rho}{\partial t} + \nabla\cdot(\rho\boldsymbol{u}) = 0 \tag{1.17}$$

利用速度场 $\boldsymbol{u}$ 将流动量 ϕ 的时间和流通变化率分解为

$$\frac{\partial(\rho\phi)}{\partial t} + \nabla\cdot(\rho\boldsymbol{u}\phi) = \rho\left(\frac{\partial\phi}{\partial t} + \boldsymbol{u}\cdot\nabla\phi\right) + \phi\left[\frac{\partial\rho}{\partial t} + \nabla\cdot(\rho\boldsymbol{u})\right] \tag{1.18}$$

由于式(1.17)的连续性,方程(1.18)右侧第二项为零。因此,可得到

$$\frac{\partial(\rho\phi)}{\partial t} + \nabla\cdot(\rho\boldsymbol{u}\phi) = \rho\frac{\mathrm{D}\phi}{\mathrm{D}t} = \rho\left(\frac{\partial\phi}{\partial t} + \boldsymbol{u}\cdot\nabla\phi\right) \tag{1.19}$$

$\mathrm{D}/\mathrm{D}t$ 称为物质导数,可定义为

$$\frac{\mathrm{D}}{\mathrm{D}t} \equiv \frac{\partial}{\partial t} + \boldsymbol{u}\cdot\nabla \tag{1.20}$$

式(1.19)左边第二项代表对流项,由 $\rho u \phi$ 的散度引起,所以这种形式被称为散度形式;右边第二项表示为速度 u 和梯度 $\nabla \phi$ 的内积,被称为梯度形式或对流形式(非守恒形式)。守恒型和非守恒型的术语在 CFD 教材和文献中被广泛使用。

式(1.19)仅仅是连续性方程的微分表述形式。因此,基于这两种形式的计算都应该是相同的。对于正确的离散化方程,等式应该成立,但是这会使得使用非守恒形式的式(1.19)右边在某种程度上存在误差。根据离散化方案,这种关系式可能不成立。所以使用非守恒项来描述不相容的离散格式,要比式(1.19)右边使用守恒形式更为合适。

利用动量守恒可得出运动方程,散度形式为

$$\frac{\partial(\rho u)}{\partial t} + \nabla \cdot (\rho uu - T) = \rho f \tag{1.21}$$

梯度形式为

$$\rho \frac{Du}{Dt} = \nabla \cdot T + \rho f \tag{1.22}$$

对于牛顿流体,当本构方程(1.12)用 T 来表示时,运动方程称为 N-S 运动方程。表示为

$$\frac{Du}{Dt} = \frac{\partial u}{\partial t} + u \cdot \nabla u \tag{1.23}$$

因为要与流体单元的加速度相对应,所以式(1.22)描述了单位质量的牛顿第二定律(质量×加速度=力)。

通过动量方程(1.22)和速度 u 的内积,可得到动能守恒方程:

$$\rho \frac{Dk}{Dt} = u \cdot (\nabla \cdot T) + \rho u \cdot f \tag{1.24}$$

总能量守恒方程为

$$\rho \frac{DE}{Dt} = \nabla \cdot (T \cdot u) - \nabla \cdot q + \rho u \cdot f \tag{1.25}$$

从总能量守恒方程(1.25)中减去方程(1.24),得到内能守恒方程:

$$\rho \frac{De}{Dt} = T : (\nabla u) - \nabla \cdot q \tag{1.26}$$

式中,$T:S$ 表示张量(如 $T_{ij} S_{ij}$)的简写。在牛顿流体中,由质量、动量和能量方程构成的方程组被称为 N-S 方程组。

1.3.4　指标记法

到目前为止,流体流动的控制方程中使用的都为矢量符号。此外,还可以利用指标分量表示笛卡儿坐标系。其中用 $x_1 = x, x_2 = y$ 和 $x_3 = z$ 来表示坐标,用 $u_1 = u, u_2 = v$ 和 $u_3 = w$ 表示相应的速度分量。

质量守恒方程可表示为

$$\frac{\partial \rho}{\partial t} + \frac{\partial (\rho u_j)}{\partial x_j} = 0 \tag{1.27}$$

动量守恒方程的散度形式(1.21)可表示为

$$\frac{\partial (\rho u_i)}{\partial t} + \frac{\partial}{\partial x_j}(\rho u_i u_j - T_{ij}) = \rho f_i \tag{1.28}$$

梯度形式(1.22)可表示为

$$\rho \left(\frac{\partial u_i}{\partial t} + u_j \frac{\partial u_i}{\partial x_j} \right) = \frac{\partial T_{ij}}{\partial x_j} + \rho f_i \tag{1.29}$$

总能量守恒方程的散度形式用指标记法可表示为

$$\frac{\partial (\rho E)}{\partial t} + \frac{\partial}{\partial x_j}(\rho E u_j - T_{ij} u_i + q_j) = \rho u_i f_i \tag{1.30}$$

梯度形式(1.25)用指标记法可表示为

$$\rho \left(\frac{\partial E}{\partial t} + u_j \frac{\partial E}{\partial x_j} \right) = \frac{\partial}{\partial x_j}(T_{ij} u_i - q_j) + \rho u_i f_i \tag{1.31}$$

本构关系也可以用指标记法表示。应力张量式(1.12)可表示为

$$T_{ij} = -\delta_{ij} p + 2\mu \left(D_{ij} - \frac{1}{3} \delta_{ij} \frac{\partial u_k}{\partial x_k} \right), \quad \text{其中} \; D_{ij} = \frac{\partial u_i}{\partial x_j} + \frac{\partial u_j}{\partial x_i} \tag{1.32}$$

傅里叶导热定律可表示为

$$q_j = -k \frac{\partial T}{\partial x_j} \tag{1.33}$$

当相同的指标在同一项中出现两次时,需要隐去该指标的求和符号。也就是说,在二维空间中, $a_j b_j = \sum\limits_{j=1}^{2} a_j b_j$,在三维空间中, $a_j b_j = \sum\limits_{j=1}^{3} a_j b_j$ 。 若不进行求和,将在文中另外注明。求和时,指标的符号会有所不同,但结果是相同的(即 $a_j b_j = a_k b_k$)。指标符号 δ 称为克罗内克符号,定义为

$$\delta_{ij} = \begin{cases} 1, & i = j \\ 0, & i \neq j \end{cases} \tag{1.34}$$

这是笛卡儿坐标系下单位张量 $\boldsymbol{I}$ 的指标记法。

1.3.5　不可压缩流动的控制方程

首先对牛顿流体的不可压缩流动控制方程进行总结。在不可压缩流动中,密度的物质导数为零,即

$$\frac{\mathrm{D}\rho}{\mathrm{D}t} = \frac{\partial \rho}{\partial t} + \boldsymbol{u} \cdot \nabla \rho = 0 \tag{1.35}$$

注意,不可压缩并不意味着密度 ρ 是恒定的。尽管可以被视为不可压缩流动,但对于带

有扩散的多组分系统来说,该连续性方程的求解会变得更加复杂。结合式(1.35),连续性方程(1.17)转化为

$$\nabla \cdot \boldsymbol{u} = 0 \tag{1.36}$$

该式被称为不可压缩条件或散度自由约束。这就意味着,当没有时间变化项时,体积流量在任意时刻都满足平衡条件。

接下来,考虑动量方程。当牛顿流体进行不可压缩流动时,应力张量为

$$\boldsymbol{T} = -p\boldsymbol{I} + 2\mu\boldsymbol{D} \tag{1.37}$$

因此,不可压缩流动的动量方程为

$$\rho\left[\frac{\partial \boldsymbol{u}}{\partial t} + \nabla \cdot (\boldsymbol{u}\boldsymbol{u})\right] = -\nabla p + \nabla \cdot (2\mu\boldsymbol{D}) + \rho\boldsymbol{f} \tag{1.38}$$

如果黏度为定值,则方程(1.38)可进一步简化为

$$\frac{\partial \boldsymbol{u}}{\partial t} + \nabla \cdot (\boldsymbol{u}\boldsymbol{u}) = -\frac{\nabla p}{\rho} + \nu\nabla^2 \boldsymbol{u} + \boldsymbol{f} \tag{1.39}$$

式中,$\nu = \mu/\rho$ 为运动黏度。

假设 ρ 和 ν 为常数,∇^2 是拉普拉斯算子,利用式(1.39)的散度和式(1.36),可得到压力方程:

$$\frac{\nabla^2 p}{\rho} = -\nabla \cdot \nabla \cdot (\boldsymbol{u}\boldsymbol{u}) + \nabla \cdot \boldsymbol{f} \tag{1.40}$$

在式(1.36)中,流场受到不可压缩约束,任意时刻相应的压力场由瞬时流场决定。式(1.40)被称为压力泊松方程,是对边值问题加以求解的椭圆型偏微分方程。可压缩流动的压力是由状态方程(1.15)得出的,但是不可压缩流动的压力并不能通过热力学原理得出。这使得二者需采用不同的数值方法。虽然不可压缩流动和可压缩流动都具有波传播和黏滞扩散的特性,但不可压缩流动需要满足散度自由的约束条件,即式(1.36),这时需要椭圆型方程求解器。而可压缩流动则不需要椭圆型方程求解器。在1.3.6节中简要地归纳了不同类型的偏微分方程。

不可压缩流动的内能守恒方程为

$$\rho\frac{\mathrm{D}e}{\mathrm{D}t} = \mu\boldsymbol{D}:\boldsymbol{D} - \nabla \cdot \boldsymbol{q} \tag{1.41}$$

通过式(1.14)和式(1.16),可得到温度场方程:

$$\rho c_V\frac{\mathrm{D}T}{\mathrm{D}t} = \mu\boldsymbol{D}:\boldsymbol{D} + k\nabla^2 T \tag{1.42}$$

式(1.42)右边的第一项代表流体摩擦(黏性的影响)产生的热量。如果摩擦对温度场的影响很小,则温度方程可以简化为

$$\rho c_V\frac{\mathrm{D}T}{\mathrm{D}t} = k\nabla^2 T \tag{1.43}$$

根据这种假设,可以分开考虑不可压缩流动的动能和内能。由于动能守恒只能被动地依赖质量和动量守恒,所以在流体流动分析中不需要处理动能。内能守恒方程可以作为温度的控制方程。因此,本书不考虑温度方程的求解。

对上述讨论进行总结和参考,并列出不可压缩流动的控制方程。此方程以笛卡儿坐标分量表示,并假定流体的密度和黏度恒定。

连续性方程(1.36)改写为

$$\frac{\partial u_i}{\partial x_i} = 0 \tag{1.44}$$

动量方程(1.39)改写为

$$\frac{\partial u_i}{\partial t} + \frac{\partial (u_i u_j)}{\partial x_j} = \frac{\partial u_i}{\partial t} + u_j \frac{\partial u_i}{\partial x_j} = -\frac{1}{\rho} \frac{\partial p}{\partial x_i} + \nu \frac{\partial^2 u_i}{\partial x_j \partial x_j} + f_i \tag{1.45}$$

由上述两个方程推导出压力泊松方程为

$$\frac{1}{\rho} \frac{\partial^2 p}{\partial x_i \partial x_i} = -\frac{\partial^2 (u_i u_j)}{\partial x_i \partial x_i} + \frac{\partial f_i}{\partial x_i} = -\frac{\partial u_i}{\partial x_j} \frac{\partial u_j}{\partial x_i} + \frac{\partial f_i}{\partial x_i} \tag{1.46}$$

注意,式(1.45)和式(1.46)利用了式(1.44)的原理。

1.3.6 偏微分方程的性质

如上文所述,我们需要利用偏微分方程(partial differential equation,PDE)来描述流体流动的守恒定律。因此,对于流场的数值求解,理解 PDE 的性质十分重要。虽然 PDE 的分类和特征曲线的理论会经常被讨论,但是除非研究的范围超出本书介绍的内容或需要开发先进的数值算法,否则并不需要深入理解 PDE 的相关理论。

如表 1.1 所示,根据信息传播方式,二阶偏微分方程可分为椭圆型、抛物线型和双曲线型 3 大类。方程类型不受所选坐标系的影响,但受流场中位置的影响。例如,钝体上的流动是流过实体及穿过边界层(没有任何涡度)的流动,可视为是由椭圆型 PDE 表示的势流。然而,在靠近物体表面的区域(边界层),黏性扩散成为流动的主要形式,可用抛物线型 PDE 描述。因此,在流场的位置不同时,PDE 的类型一般不同。有些教材或文献[2-4]对 PDE 的分类、特征曲线和初始/边界值问题进行了详细描述。本书着重以简单的形式介绍流体流动控制方程的 PDE 类型。

表 1.1　流体力学中的标准二阶偏微分方程

类　　型	举　　例	二阶偏微分方程
椭圆型	泊松方程 拉普拉斯方程	$\nabla^2 p = -\rho \nabla \cdot \nabla \cdot (\mathbf{uu}) + \nabla \cdot \mathbf{f}$ $\nabla^2 \phi = 0$

续表

类　型	举　例	二阶偏微分方程
抛物线型	扩散方程	$\dfrac{\partial \boldsymbol{u}}{\partial t} = \nu \nabla^2 \boldsymbol{u}$
	热传导方程	$\dfrac{\partial T}{\partial t} = \dfrac{k}{\rho c_V} \nabla^2 T$
双曲线型	波动方程	$\dfrac{\partial^2 \boldsymbol{u}}{\partial t^2} = U^2 \nabla^2 \boldsymbol{u}$

时间 t 显然是单向的(过去到未来),但空间坐标是双向的。

一般来说,对于黏性不可压缩流动,非稳态流动的 PDE(依赖于 t)是抛物线型的,稳态流动的 PDE(独立于 t)是椭圆型的。在某些下游扰动的影响可被忽略的稳态情况下,可通过从上游边界到下游边界来解决流动问题,称为抛物线近似。也可以通过忽略时间导数项并将其重新定义为一个非稳态的问题来解决稳定流动。在充分发展之后,一旦数值解收敛到稳定的状态时,时间导数项就会消失,而流场就变成了原来的椭圆型 PDE 的解。这种方法可看成是求解椭圆型 PDE 的抛物线方法。

1.4　流体流动的计算网格

在欧拉法中,速度、压强和密度等变量由大量的离散点决定,来表示液体或气体作为连续体的运动。二维多边形和三维多面体由局部离散点(顶点)组成,称为单元,由这些单元填充的空间称为网格。所研究的物理变量位于单元格上的不同位置,满足特定数值性质。

图 1.3 展示了一些欧拉网格。对于笛卡儿坐标网格,流动的控制方程采用了最简单的形式,使空间离散化极为简单。然而,如图 1.3(a)所示,它不适用于离散复杂几何结构体周围的流场。即使是具有相当简单的几何形状的物体,如球面或圆柱体,也需要在物体边界使用非常精细的网格来求解流动问题。其中一个解决方法是采用浸入式边界法,生成不考虑底层网格的主体。另一个解决方法是用适用于边界曲线的坐标网格,如图 1.3(b)所示,该曲线网格被称为边界层坐标网格或贴体坐标网格(BFC)。

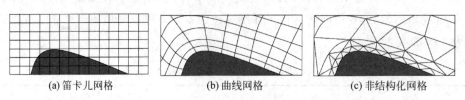

(a) 笛卡儿网格　　　　　　(b) 曲线网格　　　　　　(c) 非结构化网格

图 1.3　用于流体流动模拟的网格(二维)

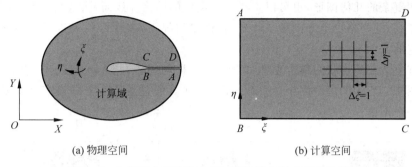

| (a) 物理空间 | (b) 计算空间 |

图 1.4　边界拟合网格物理空间和计算空间之间的映射

如果在计算域中使用统一大小的网格,那么网格从一个域到另一个域(计算域)的转变将变得十分方便(见图 1.4)。如图 1.3(a)、图 1.3(b)所示,与笛卡儿网格具有相同拓扑结构的网格被称为结构化网格。

也可以如图 1.3(c)所示,以一种不规则的排列方式在空间区域离散化网格,以适应复杂的边界几何条件。这种类型的贴体网格称为非结构化网格。非结构化网格在二维空间中通常使用三角形、四边形及六边形表示,在三维空间中通常使用四面体与六面体表示。

结构化网格在离散复杂的几何形状时,适用性不如非结构化网格。然而,结构化网格通常更适用于基础研究中的高精度流动数据。与非结构化网格相比,在给定相同数量网格点的情况下,结构化网格可以更有序地在计算机里运行,并实现更高的计算效率。贴体坐标是一个广义曲线坐标,它有基向量且基向量不总是正交的,这些向量在空间中会有变化。因此,随着广义坐标系的使用,控制方程变得更加复杂。

根据不同边界形状选择不同的贴体网格类型。图 1.5 给出了用于离散化机翼周围计算区域的贴体网格。O 型网格一般用低曲率的网格有效地布置在实体周围。对于有尖角的物体,如机翼后缘,可能会用高曲率的网格。C 型网格与物体周围的流动保持一致,在后缘附近生成无曲率网格。虽然这种网格布局适合于黏性流动,但在机翼下游可能会产生大量不必要的网格。对于翼型叶栅(如涡轮机中的一系列叶片排列)或在通道内流经物体等情况下的流动,通常使用多块的方法,如 H 型网格。

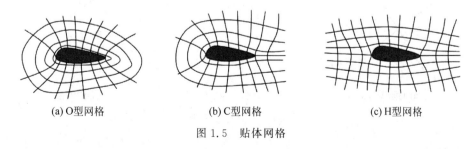

| (a) O型网格 | (b) C型网格 | (c) H型网格 |

图 1.5　贴体网格

仅使用一种类型的网格将流场离散化是十分理想的。并且随着网格生成技术的发展,即使是一些复杂的几何图形,也可以生成单一类型的网格。然而,生成高质量(如低曲率、数量多和精度高)的网格仍十分困难。此外,在许多情况下,在什么位置进行初步的网格优化是很难决定的。

对具有复杂几何形状的单个物体、多个物体、移动物体(相对于彼此)及变形物体,可以考虑使用图 1.6 所示的混合网格。多数情况下,计算信息是从一个网格在重叠处或交界处传输到另一个网格。

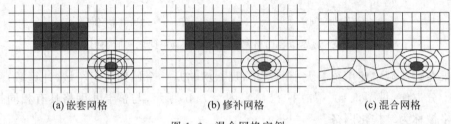

(a) 嵌套网格　　　　　　　(b) 修补网格　　　　　　　(c) 混合网格

图 1.6　混合网格实例

对流动特性变化区域的网格进行加密对于获取准确解是十分有效的。比如靠近壁面的边界层有很大的速度梯度,所以在该处放置大量的网格点有利于解决流动问题。在相应变量梯度较大的流动区域,可以考虑在该区域内适当加密网格。对于非结构化网格,只需要在该区域中添加额外的节点。这种方法被称为自适应网格,通常用来捕捉冲击波和火焰。如果边界形状随时间变化,例如船舶周围的波浪,则使用移动自适应网格。

1.5　离散化方法

在数值模拟中,主要有 3 种方法实现流场的离散化,分别为有限差分法、有限体积法和有限元法,如图 1.7 所示。

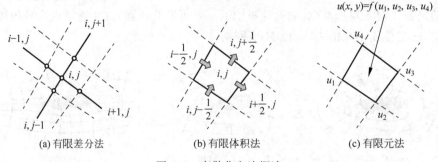

(a) 有限差分法　　　　　　(b) 有限体积法　　　　　　(c) 有限元法

图 1.7　离散化方法概述

1.5.1　有限差分法

有限差分法(finite difference method,FDM)基于控制方程(1.6)的差分形式[5]。方程的数值解基于网格点,而网格点之间的信息一般不会考虑。导数的运算,如速度及压强梯度会由差商来近似。有限差分法通常选用结构化网格。

1.5.2　有限体积法

控制方程的积分形式方程(1.4)为有限体积法(finite volume method,FVM)的基础[6]。该方法求出单元体的变量值,并非将变量置于网格点上。守恒定律通过边界的流入和流出以及单元体守恒量的平衡来表示。有限体积法的思想是通过守恒定律求解未知变量。结构化和非结构化的网格都适用。

1.5.3　有限元法

有限元法(finite element method,FEM)利用了控制方程的弱形式,用测试函数乘以方程两边[7]。变量形式由变量和顶点基函数的乘积提供。将这些变量代入控制方程,并将方程与权函数积分,可得到单元体顶点上离散变量的关系。该方法同时适用于结构化和非结构化网格。

选择网格类型及计算方法时,理解相关流动的物理特性及数值模拟的目的是十分重要的。表1.2列举出了基于结构化与非结构化网格解法的一般性质。与非结构化网格相比,以一定顺序排列的结构化网格通常可以得到高精度及高计算效率的单元体。因此,结构化网格适用于基础研究的高精度计算,比如湍流分析。流场使用结构化网格会被限于离散简单的几何形状。而非结构化网格可离散复杂的几何形状,更适用于实际的工程计算。

表 1.2　结构化网格和非结构化网格一般性质的比较

项　目	结构化网格	非结构化网格
适用的计算方法	FDM/FVM	FVM/FEM
处理复杂几何形状的能力	弱	强
总网格点数量	多	少
精度(每网格)	高	低
计算负荷(每网格)	低	高
提高分辨率的方法	完整区域	局部适应

也有一些方法不需要求解网格上的偏微分方程,如模拟流体流动的涡流法和玻尔兹曼法。

1.6　验证和确认

为了保证计算解的可靠性,在计算研究过程中必须进行检验。检验需要经过验证和确认两个阶段。具体步骤在文献[8,9]中有详细讨论。

第一步,验证。验证的目的是检验所求解的计算模型是否准确再现了预期的模型。验证的对象包括确认预期的时间和空间精度以及解是否收敛于参考解。参考解可以是 N-S 方程的一个精确解、一个模型问题(如对流扩散方程)的解或者是具有非常高的时间及空间分辨率的数值解。

第二步,确认。确认是指对数值解与准确的物理测量结果进行比较,检验数值解能否准确再现相应的物理测量结果。可以将模拟流场与 PIV 流场测量结果进行比较,也可以将计算的力与力平衡或传感器的测量结果进行比较。确认这一步用于表明数值解已被验证。

验证和确认都是至关重要的,二者都用于确保数值解的可靠性。在进行这两步时,如果需要了解最终问题的本质,选择合适的参考解和实验测量方法十分重要。并且最终问题在计算方法得到验证和确认后将会得到解决。若一系列的雷诺数和马赫数将用于一个计算模型中,那么验证和确认的范围应该涵盖它们。验证和确认的过程中所追求的精确度取决于问题本身,应该仔细甄别。在一些情况下,这些数值解允许有百分位的误差,但这样的误差可能会导致整体物理量的显著变化。

第 2 章

对流扩散方程的有限差分离散化

2.1 引言

有限差分法是基于空间网格节点和离散时间点、利用近似空间与时间导数求解微分方程的一种数值方法。随着空间网格间距及时间步长变小,有限差分引起的误差也会减小。本章主要通过 N-S 方程中的对流-扩散方程介绍有限差分法离散化的基本原理知识。

介绍有限差分方程之前,需要指出除减少有限差分的误差之外,还有两个可能比减少误差实际值更重要的问题。首先是误差的性质问题。对于流体表现出扩散行为的格式误差,数值解会比实际的物理解更加平滑;而对于流体表现出发散行为的格式误差,求解过程中会产生非物理振荡,从而可能导致解的崩溃。其次是离散导数关系是否相容的问题。比如,连续函数 f 和 g 的微分法则是

$$\frac{\partial (fg)}{\partial x} = f\frac{\partial g}{\partial x} + \frac{\partial f}{\partial x}g \tag{2.1}$$

$$\frac{\partial^2 f}{\partial x^2} = \frac{\partial}{\partial x}\left(\frac{\partial f}{\partial x}\right) \tag{2.2}$$

$$\frac{\partial^2 f}{\partial x \partial y} = \frac{\partial}{\partial x}\left(\frac{\partial f}{\partial y}\right) = \frac{\partial}{\partial y}\left(\frac{\partial f}{\partial x}\right) \tag{2.3}$$

数值离散时必须遵循上述法则。应在满足导数关系离散化格式的条件下,选择误差较小且离散化中满足微分关系的有限差分格式,从而保证解的精度和准确性。

2.2 对流扩散方程

对于黏度恒定的不可压缩流体,N-S 方程的动量方程在笛卡儿坐标系中可以写成如下形式:

$$\frac{\partial u_i}{\partial t} + u_j \frac{\partial u_i}{\partial x_j} = -\frac{1}{\rho} \frac{\partial p}{\partial x_i} + \nu \frac{\partial^2 u_i}{\partial x_j \partial x_j} + f_i \qquad (2.4)$$

其中,对流项是非线性的。扩散项使速度曲线变得平滑,并且使数值计算的稳定性提高。压力梯度项显示了流体单元发生空间变化的压力。通过连续性方程式(1.40),将压力变化与上面的动量方程耦合来求解。外部力包括重力、电磁力,或者虚构力(非惯性参考系引起的)。

由于这些项的耦合作用,控制方程的物理与数值特性变得相当复杂。因此,不考虑压力梯度项以及外力源项,将式(2.4)进行简化,得到

$$\frac{\partial u}{\partial t} + u \frac{\partial u}{\partial x} = \nu \frac{\partial^2 u}{\partial x^2} \qquad (2.5)$$

式(2.5)为伯格斯方程(Burgers equation),该方程的精确解是已知的,常被用于验证数值方法。通过恒定的对流速度 $c(\geqslant 0)$ 和扩散系数 $a(\geqslant 0)$ 对式(2.5)进一步线性逼近来获取线性对流-扩散方程,如下式所示:

$$\frac{\partial f}{\partial t} + c \frac{\partial f}{\partial x} = a \frac{\partial^2 f}{\partial x^2} \qquad (2.6)$$

式(2.6)中参数设置不同,所得方程的特性不同。

当 $a=0$ 时,得到对流方程:

$$\frac{\partial f}{\partial t} + c \frac{\partial f}{\partial x} = 0 \qquad (2.7)$$

该方程是双曲线型。

当 $c=0$ 时,得到扩散方程:

$$\frac{\partial f}{\partial t} = a \frac{\partial^2 f}{\partial x^2} \qquad (2.8)$$

该方程为抛物线型。

当 $\frac{\partial f}{\partial t}=0$ 时,得到稳态对流扩散方程:

$$c \frac{\partial f}{\partial x} = a \frac{\partial^2 f}{\partial x^2} \qquad (2.9)$$

该方程是椭圆型。

换句话说,对流扩散方程和 N-S 方程中包含了这 3 类偏微分方程组合。而根据不同的流动情况,起主导作用的方程也不同。

图 2.1 为一维常系数对流与扩散方程的解。由于 $f(x,t)=f(x-ct,0)$ 需满足对流方程式(2.7),因此随着对流速度 c 的图线向 x 轴正方向平移,方程解保持初始轮廓不变。对于扩散方程式(2.8),轮廓呈现凸形($\partial^2 f/\partial x^2 < 0$)时,解的值减小($\partial f/\partial t < 0$);轮廓呈现凹形($\partial^2 f/\partial x^2 > 0$)时,解的值增大($\partial f/\partial t > 0$)。

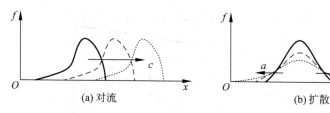

图 2.1　对流与扩散方程解的形状

2.3　有限差分近似

目前,推导有限差分方程的方法有很多,但其导数一般基于泰勒级数展开或多项式逼近。学习基于泰勒级数展开的有限差分近似导数求解方法以及对所得公式进行误差分析是十分重要的。同时,学习利用近似解析多项式得到导数近似的方法可以对建立数值方法的基础提供一些参考。

2.3.1　泰勒级数展开

使用泰勒级数展开和相关误差分析的方法可得到导数的有限差分近似值。对一维情况,连续性方程 $f(x)$ 的偏导形式如下:

$$f'(x)=\frac{\mathrm{d}f(x)}{\mathrm{d}x},\quad f''(x)=\frac{\mathrm{d}^2 f(x)}{\mathrm{d}x^2},\cdots,f^{(m)}(x)=\frac{\mathrm{d}^m f(x)}{\mathrm{d}x^m} \tag{2.10}$$

取 $x=x_j$ 且 $y=x_k-x_j$,其中,x_j 代表第 j 个空间网格点。以 $f(x_k)$ 表示在离散点 x_k 处的函数值,x_j 处的泰勒级数展开可写为

$$f(x+y)=f(x)+\sum_{m=1}^{\infty}\frac{y^m}{m!}f^{(m)}(x) \tag{2.11}$$

利用多个 x_k 处的函数值 $f_k=f(x_k)$,可以对 x_k 处得到的 m 阶导数 $f_j^{(m)}=f_{(x_j)}^{(m)}$ 进行导数逼近。需要在一个点上构建有限差分近似对网格点 x_k 进行几何排列,称为模板。本节中,对有限差分公式进行推导并讨论相关阶数的误差。

$$f_k=f_j+\sum_{m=1}^{\infty}\frac{(x_k-x_j)^m}{m!}f_j^{(m)} \tag{2.12}$$

推导有限差分公式之前,简要介绍下数字符号 O,常被用于表示项和函数的渐近行为,或描述数值计算中的误差,以及湍流研究后的数量级计算。

$$\begin{aligned}\sin(x)&=x-\frac{1}{3!}x^3+\frac{1}{5!}x^5-\cdots\\&=x-\frac{1}{3!}x^3+O(x^5)\quad x\to 0\end{aligned} \tag{2.13}$$

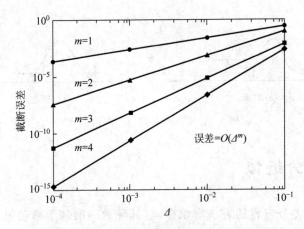

图 2.2　截断误差的收敛性

第一行是 $\sin(x)$ 在 $x=0$ 时的泰勒级数展开。第二行说明在 $x=0$ 附近 $\sin(x)$ 的展开式可以用 $\left(x-\dfrac{1}{3!}x^3\right)$ 来近似,并且随着 x 趋向于 0,其误差与恒定时间 $|x^5|$ 相比会急剧减小。利用二项式近似,可认为 $\sin(x)\approx x-\dfrac{1}{3!}x^3$ 存在一个截断误差项 $O(x^5)$。注意到可以通过增加或者减少近似式的项数来增加或者降低计算精度。

此外,O 还提供了一个对于截断误差收敛行为的可视化描述。考虑到对于给定的数值近似 Δ 且 $\Delta\ll1$,截断误差可以表示为 $O(\Delta^m)$。如果在 x、y 轴上以对数坐标为刻度绘制出如图 2.2 所示的误差曲线,误差曲线(收敛曲线)的斜率为 m,那么误差项的指数或收敛曲线的斜率 m 被称为给定数值方法的精度阶数。精度阶数在整本书中使用,以评估空间和时间数值离散化方案的准确性。

1. 均匀网格的中心差分

对于均匀网格,在点 $x_j=j\Delta$ 处的泰勒级数展开式为(如图 2.3 所示)

$$f_{j+k}=f_j+\sum_{m=1}^{\infty}\frac{(k\Delta)^m}{m!}f_j^{(m)} \tag{2.14}$$

式中,$k=\pm1,\pm2,\cdots,\pm N$。结合给定函数的级数展开,可以得出导数的数值近似。

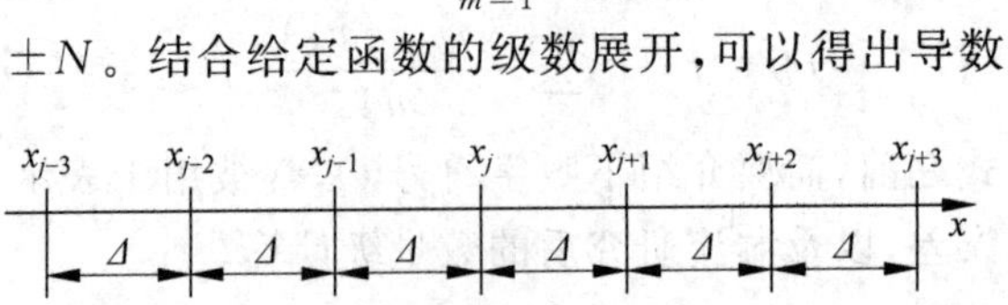

$$x_{j-3}\quad x_{j-2}\quad x_{j-1}\quad x_j\quad x_{j+1}\quad x_{j+2}\quad x_{j+3}$$

图 2.3　均匀间距网格点布置(一维)

比如,若考虑到基于 f_{j-1}、f_j、f_{j+1} 三点的有限差分格式,可采用以下两种不同的泰勒级数：

$$f_{j+1} = f_j + \Delta f'_j + \frac{\Delta^2}{2} f''_j + \frac{\Delta^3}{6} f_j^{(3)} + \frac{\Delta^4}{24} f_j^{(4)} + \cdots \tag{2.15}$$

$$f_{j-1} = f_j - \Delta f'_j + \frac{\Delta^2}{2} f''_j - \frac{\Delta^3}{6} f_j^{(3)} + \frac{\Delta^4}{24} f_j^{(4)} - \cdots \tag{2.16}$$

式(2.14)−式(2.15)，可得

$$f_{j+1} - f_{j-1} = 2\Delta f'_j + \frac{\Delta^3}{3} f_j^{(3)} + O(\Delta^5) \tag{2.17}$$

式(2.14)＋式(2.15)，可得

$$f_{j+1} + f_{j-1} = 2f_j + \Delta^2 f''_j + \frac{\Delta^4}{12} f_j^{(4)} + O(\Delta^6) \tag{2.18}$$

由式(2.16)和式(2.17)，有

$$f'_j = \frac{-f_{j-1} + f_{j+1}}{2\Delta} - \frac{\Delta^2}{6} f_j^{(3)} + O(\Delta^4) \tag{2.19}$$

$$f''_j = \frac{f_{j-1} - 2f_j + f_{j+1}}{\Delta^2} - \frac{\Delta^2}{12} f_j^{(4)} + O(\Delta^4) \tag{2.20}$$

利用三点差分，可以得到有限差分近似二阶导数。式(2.18)和式(2.19)右边的第二项和第三项表示截断误差。当考虑小的 Δ 有界高阶导数时，截断误差与 Δ^2 成正比。这意味着，当网格尺寸减小 1/2 时，误差的大小为原误差的 1/4。当截断误差与 Δ^n 成比例时，称有限差分法具有 n 阶精度。式(2.19)和式(2.20)的节点排列在正负方向上关于 x_j 对称，并且对应的系数大小也是对称的。这种格式被称为中心有限差分格式。特别地，方程式(2.19)和式(2.20)都是二阶精度中心差分格式。

如果使用五点差分，则可以得到最高至四阶导数的有限差分方程：

$$f'_j = \frac{f_{j-2} - 8f_{j-1} + 8f_{j+1} - f_{j+2}}{12\Delta} + \frac{\Delta^4}{30} f_j^{(5)} + O(\Delta^6) \tag{2.21}$$

$$f''_j = \frac{-f_{j-2} + 16f_{j-1} - 30f_j + 16f_{j+1} - f_{j+2}}{12\Delta^2} + \frac{\Delta^4}{90} f_j^{(6)} + O(\Delta^6) \tag{2.22}$$

$$f_j^{(3)} = \frac{-f_{j-2} + 2f_{j-1} - 2f_{j+1} + f_{j+2}}{2\Delta^3} - \frac{\Delta^2}{4} f_j^{(5)} + O(\Delta^4) \tag{2.23}$$

$$f_j^{(4)} = \frac{f_{j-2} - 4f_{j-1} + 6f_j - 4f_{j+1} + f_{j+2}}{\Delta^4} - \frac{\Delta^2}{6} f_j^{(6)} + O(\Delta^4) \tag{2.24}$$

五点中心差分方程对于第一阶及第二阶导数有四阶精度，对于第三阶及第四阶导数有二阶精度。虽然并不考虑在 N-S 方程中引入高阶导数项，但有时会通过如五点差分中的 $f^{(4)}$ 以及七点差分中的 $f^{(6)}$ 的偶数导数项引入人工黏度或近似滤波函数，这将在后面讨论。

2. 均匀网格的单侧差分

当对计算域的末端进行导数的有限差分近似，x_j 在计算域的边界时必须用单侧节点，如图 2.4 所示。给定一个单边 n 点，可以得到一阶导数对应的 $(n-1)$ 阶精度有限差分方程以及二阶导数对应的 $(n-2)$ 阶精度有限差分方程。

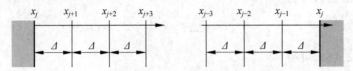

图 2.4　计算域左右边界的单边差分模板

下面给出一阶导数的推导。利用下面的两点公式将 f_j 近似：

$$f'_j = \frac{-f_{j-1} + f_j}{\Delta} + \frac{\Delta}{2} f''_j + O(\Delta^2) \tag{2.25}$$

$$f'_j = \frac{-f_j + f_{j+1}}{\Delta} - \frac{\Delta}{2} f''_j + O(\Delta^2) \tag{2.26}$$

基于式 (2.25) 以及式 (2.26)，截断误差与 Δ 成比例，为一阶精度。如果将另外一个空间点合并到模板并且消去 f_j 项，最终得到二阶精度的三点有限差分格式：

$$f'_j = \frac{f_{j-2} - 4f_{j-1} + 3f_j}{2\Delta} + \frac{\Delta^2}{3} f_j^{(3)} + O(\Delta^3) \tag{2.27}$$

$$f'_j = \frac{-3f_j + 4f_{j+1} - f_{j+2}}{2\Delta} - \frac{\Delta^2}{3} f_j^{(3)} + O(\Delta^3) \tag{2.28}$$

下面为有限差分误差可能出现问题的情况。函数 $f = x^n$ $(n = 2, 3, 4, \cdots)$ 在 $x = 0$ 处的导数为 $f'_x = n x^{n-1} = 0$。分析时设 $\Delta = 1$，得到 $f'_j = j^n$。对于 $n = 2$，式 (2.26) 给出的返回值 $f'_0 = 1$ 是错误的，但式 (2.28) 给出的返回值 $f'_0 = 0$ 是正确解。对于 $n = 3$，式 (2.28) 给出的返回值 $f'_0 = -2$，而实际上 $f'_0 \geqslant 0$ (仅当 $x = 0$ 时才为 0)。数值解变为负值，与梯度符号相反。

此外，如果应用网格拉伸使靠近边界层的相邻网格尺寸拉伸 3 倍或更大，则不使用单侧三点有限差分格式计算坐标变换系数就会发生错误。对于流过平板的湍流，湍流能量 $k \propto y^4$ 且雷诺应力 $u'v'' \propto y^3$。因此，用足够数量的点追踪壁面附近梯度函数的变化非常重要。

对于二阶导数，单侧三点格式为

$$f''_j = \frac{f_{j-2} - 2f_{j-1} + f_j}{\Delta^2} + \Delta f_j^{(3)} + O(\Delta^2) \tag{2.29}$$

$$f''_j = \frac{f_j - 2f_{j+1} + f_{j+2}}{\Delta^2} - \Delta f_j^{(3)} + O(\Delta^2) \tag{2.30}$$

观察上述公式与式(2.20)相同,但移动了仅一个网格。这意味着,$\dfrac{f_{j-1}-2f_j+f_{j+1}}{\Delta^2}$

为任意 3 个点 x_j、x_{j-1} 和 x_{j+1} 处的近似二阶导数。然而,在对导数的不同点进行评估时,截断误差的性质不同。注意,单侧节点差分是为了获得二阶或更高精度阶数的导数,因此需要至少对四点进行有限差分近似。

注意到,单侧有限差分格式的误差具有与一阶导数中心差分格式相同的精度,而对比二阶导数的精度阶数则减少了一阶。

3. 非均匀网格的偏微分方程

对于非均匀网格,有两种方法可以用来建立偏微分方程。第一种方法如图 2.5(a)所示,即利用实际空间的泰勒级数展开(式 2.10)。

第二种方法如图 2.5(b)所示,即引入一个映射,使变换后的变量 ξ 上的网格间隔均匀。这种情况下,需要确定相应的变换 $\partial\xi/\partial x$,然后在 $\partial f/\partial\xi$ 的均匀网格上建立常用的有限差分格式。在变换过程中,将 ξ 的网格间距设为 1,以便计算系数 $\partial\xi/\partial x$ 以代替物理网格间距的倒数。

$$\frac{\partial f}{\partial x}=\frac{\partial f}{\partial \xi}\frac{\partial \xi}{\partial x} \tag{2.31}$$

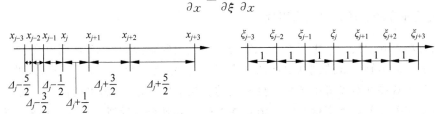

(a) 物理空间中的非均匀网格间距   (b) 变换计算空间中的均匀网格间距

图 2.5　非均匀网格的空间离散(一维)

也可以用物理空间中的非均匀网格上的差分函数来推导出有限差分格式。对于三点差分法,泰勒级数展开为

$$f_{j-1}=f_j-\Delta_{j-\frac{1}{2}}f'_j+\frac{\Delta^2_{j-\frac{1}{2}}}{2}f''_j-\frac{\Delta^3_{j-\frac{1}{2}}}{6}f_j^{(3)}+\cdots \tag{2.32}$$

$$f_{j+1}=f_j+\Delta_{j+\frac{1}{2}}f'_j+\frac{\Delta^2_{j+\frac{1}{2}}}{2}f''_j+\frac{\Delta^3_{j+\frac{1}{2}}}{6}f_j^{(3)}+\cdots \tag{2.33}$$

上述展开项可用于消去 f''_j,并以此导出具有二阶精度的一阶导数有限差分表达式:

$$f'_j=-\frac{\Delta_{j+\frac{1}{2}}f_{j-1}}{\Delta_{j-\frac{1}{2}}(\Delta_{j-\frac{1}{2}}+\Delta_{j+\frac{1}{2}})}-\frac{(\Delta_{j-\frac{1}{2}}-\Delta_{j+\frac{1}{2}})f_j}{\Delta_{j-\frac{1}{2}}\Delta_{j+\frac{1}{2}}}+$$

$$\frac{\Delta_{j-\frac{1}{2}}f_{j+1}}{\Delta_{j+\frac{1}{2}}(\Delta_{j-\frac{1}{2}}+\Delta_{j+\frac{1}{2}})} - \frac{\Delta_{j-\frac{1}{2}}\Delta_{j+\frac{1}{2}}}{6}f_j^{(3)} + O(\Delta^3) \tag{2.34}$$

如果消去 f_j',可得到二阶导数的表达式:

$$f_j'' = -\frac{2f_{j-1}}{\Delta_{j-\frac{1}{2}}(\Delta_{j-\frac{1}{2}}+\Delta_{j+\frac{1}{2}})} - \frac{f_j}{\Delta_{j-\frac{1}{2}}\Delta_{j+\frac{1}{2}}} +$$

$$\frac{2f_{j+1}}{\Delta_{j+\frac{1}{2}}(\Delta_{j-\frac{1}{2}}+\Delta_{j+\frac{1}{2}})} + \frac{\Delta_{j-\frac{1}{2}}-\Delta_{j+\frac{1}{2}}}{3}f_j^{(3)} + O(\Delta^2) \tag{2.35}$$

近似式(2.35)为一阶精度,该近似式主要的误差项仍与 $(\Delta_{j-\frac{1}{2}}-\Delta_{j+\frac{1}{2}})$ 成正比。如果相邻网格尺寸相近,则产生的一阶误差很小,且误差阶基本上保持二阶精度。对于非均匀网格,由有限差分得到的权值是非对称的。然而一些学者认为,假设使用对称的节点且在没有施加数值黏度的情况下,该方案为广义上的中心差分。基于这个论点,即使 x_j 并不位于 $x_{j-\frac{1}{2}}$ 与 $x_{j+\frac{1}{2}}$ 的中点位置,一些学者也将方程式(2.34)和式(2.35)称为具有二阶精度的三点中心差分格式。正如预期那样,通过在式(2.34)与式(2.35)中设 $\Delta_{j-\frac{1}{2}}=\Delta_{j+\frac{1}{2}}=\Delta$ 来重新求解方程式(2.19)与式(2.20)。

4. 使用泰勒级数展开的注意事项

泰勒级数展开的使用产生了差分近似公式以及主要阶次的误差,从而改变了精度阶数。相关误差是由对泰勒级数的截断引起的。应当了解,精度阶数仅仅是差分格式的一种衡量标准。泰勒级数展开对光滑函数是十分有效的。如上文讨论的,为了使误差分析有意义,需要控制函数在差分节点上变得平滑。值得注意的是泰勒级数近似并不是万能的。对于特定类型的函数,即使该函数是平滑的,泰勒级数近似也可能产生误差。

2.3.2　多项式近似

除了基于泰勒级数展开的导数外,也可通过解析函数 $f(x)$ 不同的多项式近似 $\tilde{f}(x)$ 获得有限差分法。$\tilde{f}(x)$ 可表示为

$$\tilde{f}(x) = a_0 + a_1 x + a_2 x^2 + a_3 x^3 + \cdots \tag{2.36}$$

如图 2.6 所示,有两种方法可以逼近函数。第一种方法是如图 2.6(a)所示的曲线拟合法,即由多项式系数 $\{a_0, a_1, a_2, \cdots\}$ 确定最小化多项式与离散空间点处函数值之间的总差(残差)。最小二乘法是实现上述曲线拟合的常用方法之一。第二种方法是如图 2.6(b)所示的插值法,即使多项式通过所有离散点,两种方法的适用情况以及优缺点不同。总体来讲,插值法适用于所有的 x_j 函数值 $\tilde{f}(x_j) = f_j$。但对于一个全局收敛的函数及其导数,曲线拟合法的效果会更好。

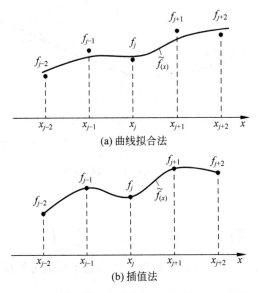

(a) 曲线拟合法

(b) 插值法

图 2.6　使用曲线拟合法和插值法进行多项式近似

泰勒级数展开导出的有限差分形式和基于插值多项式的解析微分形式是等价的。例如,图 2.7 所示为均匀网格的三点中心差分格式曲线。由于该节点上有 3 个自由度,可以用二次多项式 $\tilde{f}(x)=a_0+a_1 x+a_2 x^2$ 进行插值。选用此二次多项式通过 (x_{j-1},f_{j-1})、(x_j,f_j) 以及 (x_{j+1},f_{j+1}) 三点,来确定相应的 a_0、a_1 和 a_2,发现

$$\tilde{f}(x)=f_j+\frac{-f_{j-1}+f_{j+1}}{2\Delta}(x-x_j)+\frac{f_{j-1}-2f_j+f_{j-1}}{2\Delta^2}(x-x_j)^2 \quad (2.37)$$

利用 $\tilde{f}(x)$ 的导数作为 $f(x)$ 导数的近似,得到

$$f'(x)=\frac{-f_{j-1}+f_{j+1}}{2\Delta}+\frac{f_{j-1}-2f_j+f_{j+1}}{\Delta^2}(x-x_j) \quad (2.38)$$

$$f''(x)=\frac{f_{j-1}-2f_j+f_{j+1}}{\Delta^2} \quad (2.39)$$

设 $x=x_j$,回顾式(2.19)以及式(2.20),并使 $x=x_{j\pm1}$,可获得端点处的式(2.27)~式(2.30)。因此,插值多项式的导数产生的有限差分方程与由泰勒级数展开得到的相同。

一般来说,可以考虑 N 阶插值多项式,并用该多项式的导数来推导出有限差分公式。插值多项式可写成

$$\tilde{f}(x)=\sum_{k=1}^{N}\phi_k(x)f_k \quad (2.40)$$

此处

$$\phi_k(x)=\frac{\pi(x)}{(x-x_k)\pi'(x_k)} \quad (2.41)$$

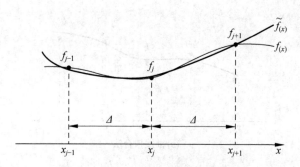

图 2.7　均匀网格上三点抛物线近似

式中，

$$\pi(x) = \prod_{m=1}^{N}(x - x_m), \quad \pi'(x) = \sum_{n=1}^{N}\prod_{m=1, m \neq n}^{N}(x - x_m)$$

式(2.40)所示插值公式为拉格朗日插值。可通过解析差分拉格朗日插值函数得到导数的有限差分近似值：

$$\tilde{f}'(x) = \sum_{k=1}^{N}\phi'_k(x)f_k \tag{2.42}$$

式中，

$$\phi'_k(x) = \frac{(x - x_k)\pi'(x) - \pi(x)}{(x - x_k)^2\pi'(x_k)} \tag{2.43}$$

为多项式系数。在离散空间点 x_j 处评估系数并且注意到 $\pi(x_j) = 0$，则多项式系数可表示为

$$\phi'_k(x_j) = \frac{\pi'(x_j)}{(x_j - x_k)\pi'(x_k)} \tag{2.44}$$

这个过程可以写成子程序(反复执行某任务的一系列指令)，以便确定任意阶精度的有限差分格式下任一节点的系数。

需要指出的是，插值可能受到空间振荡的影响，称为龙格现象。如图 2.8 所示，对于高阶拉格朗日插值，考虑到函数 $f(x) = \dfrac{1}{x^2 + 1}$ 在 $x \in [-5, 5]$ 上的均匀网格间距，可以观测到空间振荡现象。本节给出了 11 个离散网格点的 10 阶插值多项式。尽管这些插值多项式经过了所有网格点 (x_j, f_j)，但插值多项式在网格点之间表现出明显的空间振动。对于更高阶的插值多项式，不能随意采用更高阶的插值多项式，否则可能产生振动。可以通过使用低阶插值、最小二乘拟合、分段插值，或者改变插入点的方法来避免这个问题。

通过考虑有限差分与解析微分的相容性，本节描述的有限差分近似方法不应仅简单地用于计算流体力学，还可以得到逼近多项式的解析导数。考虑有限差分与解析微分的相容性，使用有限差分近似可以得到逼近多项式的解析导数(在 2.3.4 节会提到)。

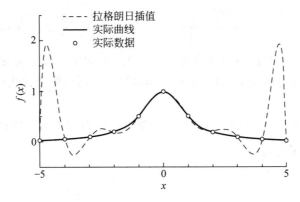

图 2.8 均匀网格的 10 阶拉格朗日插值 $f_{(x)} = \dfrac{1}{x^2+1}$ 的龙格现象

2.3.3 中点处中心差分

本节将推导有限差分形式,它适用于流体流动(或一般守恒方程)的数值计算。考虑以 x_j 为中心,用 $x_{j\pm\frac{1}{2}}, x_{j\pm\frac{3}{2}}, \cdots$ 处的点描述的有限差分公式,如图 2.9 所示。由于中点处的函数值未知,因此使用二阶精度插值和泰勒级数展开推导中点处的函数值。

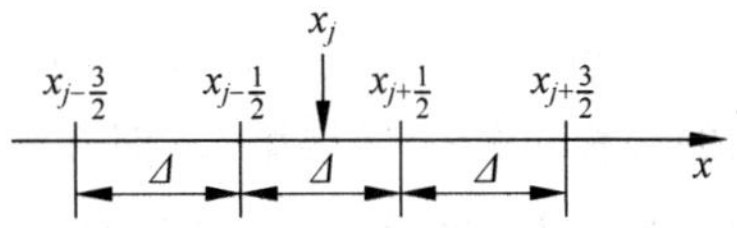

图 2.9 均匀网格中点处中心差分(一维)

利用 $x_{j\pm\frac{1}{2}}$ 两个相邻点的值,可以将二阶精度插值和有限差分法描述为

$$f_j = \frac{f_{j-\frac{1}{2}} + f_{j+\frac{1}{2}}}{2} - \frac{\Delta^2}{8} f''_j + O(\Delta^4) \tag{2.45}$$

$$f'_j = \frac{-f_{j-\frac{1}{2}} + f_{j+\frac{1}{2}}}{2} - \frac{\Delta^2}{24} f_j^{(3)} + O(\Delta^4) \tag{2.46}$$

如果将节点范围扩大至包含两个额外的点 $x_{j\pm\frac{3}{2}}$,可获得四阶精度插值和一阶导数近似,以及二阶精度插值和三阶导数近似:

$$f_j = \frac{-f_{j-\frac{3}{2}} + 9f_{j-\frac{1}{2}} + 9f_{j+\frac{1}{2}} - f_{j+\frac{3}{2}}}{16} + \frac{3\Delta^4}{128} f_j^{(4)} + O(\Delta^6) \tag{2.47}$$

$$f'_j = \frac{f_{j-\frac{3}{2}} - 27f_{j-\frac{1}{2}} + 27f_{j+\frac{1}{2}} - f_{j+\frac{3}{2}}}{24\Delta} + \frac{3\Delta^4}{640} f_j^{(5)} + O(\Delta^6) \tag{2.48}$$

$$f''_j = \frac{f_{j-\frac{3}{2}} - f_{j-\frac{1}{2}} - f_{j+\frac{1}{2}} + f_{j+\frac{3}{2}}}{2\Delta^2} + \frac{5\Delta^2}{24} f_j^{(4)} + O(\Delta^4) \tag{2.49}$$

$$f_j^{(3)} = \frac{-f_{j-\frac{3}{2}} + 3f_{j-\frac{1}{2}} - 3f_{j+\frac{1}{2}} + f_{j+\frac{3}{2}}}{\Delta^3} - \frac{\Delta^2}{8}f_j^{(5)} + O(\Delta^4) \tag{2.50}$$

由于三阶导数不出现在 N-S 方程中,因此中点处的中心差分通常不用于流体流动模拟,但式(2.50)可用于迎风公式,这些会在后面讨论。同时应避免在式(2.49)中使用二阶导数近似。

对于二阶导数,取 $x_{j\pm\frac{1}{2}}$ 和 $x_{j\pm\frac{3}{2}}$ 处的一阶导数进行有限差分。以这种方式进行两次有限差分,得到二阶精度公式:

$$f_j'' = \frac{-f_{j-\frac{1}{2}}' + f_{j+\frac{1}{2}}'}{\Delta} = \frac{f_{j-1} - 2f_j + f_{j+1}}{\Delta^2} \tag{2.51}$$

对与二阶导数差分公式相匹配的公式(2.20)进行四阶近似,得到

$$f_j'' = \frac{f_{j-\frac{3}{2}}' - 27f_{j-\frac{1}{2}}' + 27f_{j+\frac{1}{2}}' - f_{j+\frac{3}{2}}'}{24\Delta}$$

$$= \frac{f_{j-3} - 54f_{j-2} + 783f_{j-1} - 1460f_j + 783f_{j+1} - 54f_{j+2} + f_{j+3}}{(24\Delta)^2} \tag{2.52}$$

不同于式(2.22)和式(2.49),式(2.52)是基于更大范围的七点模板。尽管使用更大范围的模板可能会显得繁杂,但在离散化求解方面该方案能满足方程(2.2)或$(f')' = f''$并且构成相容差分格式。其余的细节将在 2.3.4 节中给出。

在 2.3.1 节中提到,对于非均匀网格,有两种方法可用于推导出有限差分格式。在本节中,将非均匀网格映射到均匀计算网格上,并构造中心差分方程。第 3 章将讲述如何实现非均匀网格处理的细节。

正如用于插值的系数之和为 1,而用于有限差分的系数之和为 0。如果将插值和有限差分的误差舍入到数值计算中并引出问题,则可以利用上述总和的性质。为了避免与舍入误差有关的问题,可以将其中一个系数设为 1(其余插值系数之和)或 0(其余差分系数之和)。

2.3.4   有限差分的相容性

如式(2.1)和式(2.3)所示的差分原则应同时满足连续和离散设置,需要检验上文推导出的有限差分形式是否在离散情况下满足解析导数关系。

利用式(2.19)的二阶差分法,对式(2.1)中的两个函数 f 和 g 进行微分,得到

$$\frac{-(fg)_{j-1} + (fg)_{j+1}}{2\Delta} \neq f_j \frac{-g_{j-1} + g_{j+1}}{2\Delta} + \frac{-f_{j-1} + f_{j+1}}{2\Delta}g_j \tag{2.53}$$

由式(2.53)可得出,对于乘法定则选定的差分格式不成立。对于式(2.19)中相同的差分方程,检验当两次利用相同的有限差分时式(2.2)是否分别满足。观察到

$$\frac{1}{2\Delta}\left(-\frac{-f_{j-2}+f_j}{2\Delta}+\frac{-f_j+f_{j+2}}{2\Delta}\right)=\frac{f_{j-2}-2f_j+f_{j+2}}{4\Delta^2}$$

$$\neq\frac{f_{j-1}-2f_j+f_{j+1}}{\Delta^2}\qquad(2.54)$$

式(2.54)与直接推导二阶导数的有限差分格式的方程(2.20)不等价。因此,如果节点基于 $j\pm1,j\pm2,\cdots$,那么与关于 x_j 的一阶导数有限差分格式是不相容的。

分别用式(2.45)和式(2.46)中的插值和差分操作重新讨论这个问题,有限差分近似变为

$$\left[\frac{\partial(fg)}{\partial x}\right]_j=\frac{1}{2}\left\{\left[\frac{\partial(fg)}{\partial x}\right]_{j-\frac{1}{2}}+\left[\frac{\partial(fg)}{\partial x}\right]_{j+\frac{1}{2}}\right\}$$

$$=\frac{1}{2}\left(\frac{-f_{j-1}g_{j-1}+f_jg_j}{\Delta}+\frac{-f_jg_j+f_{j+1}g_{j+1}}{\Delta}\right)\qquad(2.55)$$

与下式一致:

$$\left[f\frac{\partial g}{\partial x}+\frac{\partial f}{\partial x}g\right]_j=\frac{1}{2}\left(\left[f\frac{\partial g}{\partial x}+\frac{\partial f}{\partial x}g\right]_{j-\frac{1}{2}}+\left[f\frac{\partial g}{\partial x}+\frac{\partial f}{\partial x}g\right]_{j+\frac{1}{2}}\right)$$

$$=\frac{1}{2}\left[\left(\frac{f_{j-1}+f_j}{2}\frac{-g_{j-1}+g_j}{\Delta}+\frac{-f_{j-1}+f_j}{\Delta}\frac{g_{j-1}+g_j}{2}\right)+\right.$$

$$\left.\left(\frac{f_j+f_{j+1}}{2}\frac{-g_j+g_{j+1}}{\Delta}+\frac{-f_j+f_{j+1}}{\Delta}\frac{g_j+g_{j+1}}{2}\right)\right]\qquad(2.56)$$

上述离散形式显示出离散意义上的相容性。同样注意到式(2.55)右边与式(2.53)左边等价,如下式所示:

$$\left[\frac{\partial(fg)}{\partial x}\right]_j=\frac{1}{\Delta}\left(-(fg)_{j-\frac{1}{2}}+(fg)_{j+\frac{1}{2}}\right)$$

$$=\frac{1}{\Delta}\left(-\frac{f_{j-1}g_{j-1}+f_jg_j}{2}+\frac{f_jg_j+f_{j+1}g_{j+1}}{2}\right)\qquad(2.57)$$

然而,应该注意到,式(2.55)和式(2.56)并不直接对 x_j 进行有限差分,而是在 $x_{j\pm\frac{1}{2}}$ 处差分逼近插值以确定 x_j 处的导数,如可用多项式近似推出 2.3.3 节所讨论的有限差分公式。基于这个观点,可认为有限差分格式是多项式近似的解析求导。因此,用多项式逼近同一节点应当满足离散化的微分原则。一般来说,可在实践中使用如式(2.51)和式(2.52)所示的满足 $(f')'=f''$ 的差分方法。

2.3.5 空间解

有限差分方法的空间分辨率取决于网格间距以及格式本身,因而无法使用有限差分方法捕获长度小于网格尺寸结构的物理现象。当尺度大于网格间距时,空间分辨率随波长而

变化。如图 2.10 所示,在相同的网格中,与短波相比,长波更加平滑。

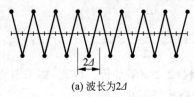

(a) 波长为2Δ

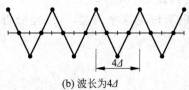

(b) 波长为4Δ

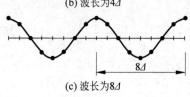

(c) 波长为8Δ

图 2.10　可用网格间距 Δ 表示的波长

$0\sim2\pi$ 之间波的数量称为波数,波长尺寸为 $1/$长度。如图 2.10 所示,对于给定的网格尺寸 Δ,可解的振荡(最小的波长)的最小尺寸为 2Δ。这意味着对于尺寸为 Δ 的网格空间,可分析的最大波数为 $k_c = \dfrac{\pi}{\Delta}$,称为截止波数。下面用傅里叶分析检验在波动空间内有限差分的运算结果,并研究如何准确利用有限差分表示导数运算。

有限差分的傅里叶分析:假设在一维空间中有一个光滑的周期为 2π 的函数 $f(x)$,用傅里叶级数表示为

$$f(x) = \sum_{k=0}^{\infty} A_k \exp(\mathrm{i}kx) \tag{2.58}$$

函数导数可表示为

$$f'(x) = \sum_{k=1}^{\infty} \mathrm{i}kA_k \exp(\mathrm{i}kx) \tag{2.59}$$

此处 $\mathrm{i}=\sqrt{-1}$。因此可以将微分用以下形式表示:

$$F(f') = \mathrm{i}kF(f) \tag{2.60}$$

式中,F 表示傅里叶变换。表明波动空间内函数的微分与傅里叶变换函数和波数的乘积相等。

现在,检验在波函数空间中的有限差分操作,并将其与方程(2.59)给出的准确解进行比较。对于在 $\Delta = \dfrac{2\pi}{N}$ 的网格空间内的有限差分,利用基于欧拉方程 $\mathrm{e}^{\pm\mathrm{i}\theta} = \cos\theta \pm \mathrm{i}\sin\theta$ 的以下关系:

$$-f_{j-m} + f_{j+m} = \sum_{k=1}^{\infty} 2\mathrm{i}\sin(mk\Delta)A_k \exp(\mathrm{i}k\Delta j) \tag{2.61}$$

$$f_{j-m} + f_{j+m} = \sum_{k=0}^{\infty} 2\cos(mk\Delta)A_k \exp(\mathrm{i}k\Delta j) \tag{2.62}$$

可以通过方程(2.61)得出波动空间内的一阶导数有限差分形式,而该有限差分形式的两点差分方程(2.46)和四点差分方程(2.48)可表示为

$$\frac{-f_{j-\frac{1}{2}} + f_{j+\frac{1}{2}}}{\Delta} = \sum_{k=1}^{\infty} \frac{2\mathrm{i}}{\Delta} \sin\frac{k\Delta}{2} A_k \exp(\mathrm{i}k\Delta j) \tag{2.63}$$

$$\frac{f_{j-\frac{3}{2}} - 27f_{j-\frac{1}{2}} + 27f_{j+\frac{1}{2}} - f_{j+\frac{3}{2}}}{\Delta}$$

$$= \sum_{k=1}^{\infty} \frac{i}{12\Delta} \left(27\sin\frac{k\Delta}{2} - \sin\frac{3k\Delta}{2} \right) A_k \exp(ik\Delta j) \tag{2.64}$$

将方程(2.63)与方程(2.64)与方程(2.59)对比发现,这些有限差分法是通过乘以波数空间的傅里叶系数,而不是乘以波数空间中的波数来进行解析微分的。

可对六阶或更高精度的中心差分格式进行相同的推导。变量 $K_{(m)}$ 称为 m 阶精度有限差分格式的修正波数,有

$$K_{(2)} = \frac{2}{\Delta}\sin\frac{k\Delta}{2} \tag{2.65}$$

$$K_{(4)} = \frac{1}{12\Delta}\left(27\sin\frac{k\Delta}{2} - \sin\frac{3k\Delta}{2} \right) \tag{2.66}$$

通过类似的过程可进一步分析二阶导数的有限差分形式。利用傅里叶级数解析微分为

$$f''_{(x)} = \sum_{k=1}^{\infty} -k^2 A_k \exp(ikx) \tag{2.67}$$

上式意味着可以通过将 $-k^2$ 乘以每个波数分量计算得出二阶导数。换句话说,$F(f') = -k^2 F(f)$。方程(2.51)、方程(2.52)和方程(2.62)中的差分形式可用于求与 k^2 对应的修正波数。对于两种形式,修正波数分别为

$$K_{(2)}^2 = \frac{2(1 - \cos k\Delta)}{\Delta^2} \tag{2.68}$$

$$K_{(4)}^2 = \frac{2(730 - 783\cos k\Delta + 54\cos 2k\Delta - \cos 3k\Delta)}{24^2 \Delta^2} \tag{2.69}$$

将这些修正波数与图 2.11 中的精确解相比较可知,相比于解析计算的导数,有限差分格式导数的高波数部分似乎已经耗散(被过滤掉)。这样的过滤效果降低了原来所能达到的有效分辨率。如果增加中心差分格式的精度阶数,利用相同的网格尺寸则可以提高高频分量的空间分辨率。与精度阶数从二阶提高到四阶相比,将精度阶数从四阶提高到六阶,精度的提升幅度会相对变小。

在 2.3.3 节中讨论的有限差分格式的相容性结论也可以用傅里叶分析检验。应注意,在离散波空间内满足 $f'' = (f')'$ 变为满足 $K_{(m)}^2 = [K_{(m)}]^2$。如方程(2.51)和方程(2.52)所示,这种关系是成立的。

为了进行比较,做点 x_j 处的一阶导数有限差分格式的傅里叶分析,即 2.3.1 节中提出的用 $j \pm 1, j \pm 2, \cdots$ 序列计算。对于有限差分格式,即方程(2.19)和方程(2.21),修正波数分别为

$$K_{(2)} = \frac{\sin k\Delta}{\Delta} \tag{2.70}$$

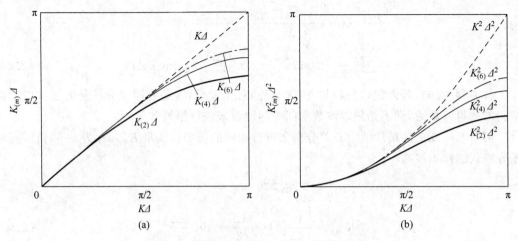

图 2.11　中心差分格式对于 x_j 的修正波数

$$j = j \pm \frac{1}{2}, j \pm \frac{3}{2}, \cdots (N = 64, \Delta = \frac{2\pi}{N}, k_c = 32): (a)\ K_{(m)}\Delta; (b)\ K_{(m)}^2 \Delta^2 (= [K_{(m)}\Delta]^2)$$

$$K_{(4)} = \frac{8\sin k\Delta - \sin 2k\Delta}{6\Delta} \tag{2.71}$$

并且在图 2.12(a)中绘出。方程(2.20)的二阶导数的修正波数分别为

$$K_{(2)}^2 = \frac{2(1 - \cos k\Delta)}{\Delta^2} \tag{2.72}$$

$$K_{(4)}^2 = \frac{15 - 16\cos k\Delta + \cos 2k\Delta}{6\Delta^2} \tag{2.73}$$

式(2.73)不等于图 2.12(b)所示的修正波数的平方。由 2.3.1 节中推导出的有限差分形式导致修正波数 $K_{(m)}^2 \neq [K_{(m)}]^2$，这意味着在离散的情况下 $f'' = (f')'$ 不成立。

　　基于上述分析可知，通过细化网格或增加有限差分格式的精度阶数可以有效提高空间分辨率。然而，扩展差分节点需要增加计算机所需的内存分配量，提高精度阶数会增加每个点的计算量。选择哪种方法来寻求更好的数值解决方案取决于实际问题和可用的计算资源。虽然理论上高阶精度格式可以解决小尺度误差，但应该注意，使用这种方法往往容易导致数值的不稳定性。

2.3.6　离散误差的行为

　　可以用多种有限差分近似来推导前文所见的公式，该有限差分格式的误差以及精度阶数决定了选择哪种有限差分格式。本节检验了几个有限差分方法的误差。

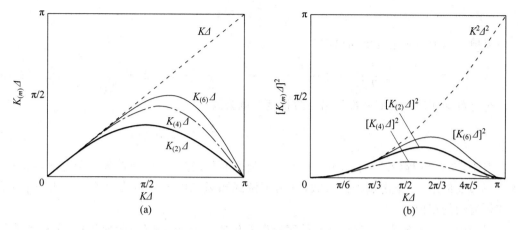

图 2.12 中心差分格式对于 x_j 的修正波数

$$j = j \pm 1, j \pm 2, \cdots (N = 64, \Delta = \frac{2\pi}{N}, k_c = 32): \text{(a)} \ K_{(m)}\Delta; \text{(b)} \ [K_{(m)}\Delta]^2 (\neq K_{(m)}^2\Delta^2)$$

比如,考虑对流方程:

$$\frac{\partial f}{\partial t} + c \frac{\partial f}{\partial x} = 0 \tag{2.74}$$

其方程解在 x 方向上以速度 c 变换,如图 2.1 所示。

如下所述为对流项的空间离散。为便于分析,考虑均匀网格。利用中心差分近似:

$$c \frac{\partial f}{\partial x}\bigg|_j = c \frac{-\bar{f}_{j-\frac{1}{2}} + \bar{f}_{j+\frac{1}{2}}}{\Delta} - c \frac{\Delta^2}{24} f_j^{(3)} + cO(\Delta^3) \tag{2.75}$$

后面的讨论中,将做不同的选择来评估 f。

如果利用插值对称节点计算 $j \pm \frac{1}{2}$ 处的 $\bar{f}_{j-\frac{1}{2}}$ 和 $\bar{f}_{j+\frac{1}{2}}$:

$$\bar{f}_{j-\frac{1}{2}} = \frac{f_{j-1} + f_j}{2} - \frac{\Delta^2}{8} f''_{j-\frac{1}{2}} + O(\Delta^4)$$

$$\bar{f}_{j+\frac{1}{2}} = \frac{f_j + f_{j+1}}{2} - \frac{\Delta^2}{8} f''_{j+\frac{1}{2}} + O(\Delta^4) \tag{2.76}$$

则可得到对流项的二阶精度中心差分格式:

$$c \frac{\partial f}{\partial x}\bigg|_j = c \frac{-f_{j-1} + f_{j+1}}{2\Delta} - c \frac{\Delta^2}{6} f_j^{(3)} + cO(\Delta^3) \tag{2.77}$$

如果用上游值计算 $\bar{f}_{j+\frac{1}{2}}$:

$$\bar{f}_{j-\frac{1}{2}} = f_{j-1} + \frac{\Delta}{2} f'_{j-\frac{1}{2}} + O(\Delta^2)$$

$$\bar{f}_{j+\frac{1}{2}} = f_j + \frac{\Delta}{2} f'_{j+\frac{1}{2}} + O(\Delta^2) \tag{2.78}$$

则对流项表示为一阶精度单侧离散：

$$c \frac{\partial f}{\partial x}\bigg|_j = c \frac{-f_{j-1} + f_j}{\Delta} + c \frac{\Delta}{2} f''_j + c O(\Delta^2) \tag{2.79}$$

也有可能使用下游值来推导出一阶精度单侧公式：

$$c \frac{\partial f}{\partial x}\bigg|_j = c \frac{-f_j + f_{j+1}}{\Delta} - c \frac{\Delta}{2} f''_j + c O(\Delta^2) \tag{2.80}$$

对于 $c > 0$，方程(2.79)仅使用 x_j 上游点处的参数，称为上游或迎风有限差分格式；方程(2.80)仅使用 x_j 下游点处的参数，称为下游或顺风有限差分格式。顺风形式一般不用于流体流动的模拟。

对于中心差分公式(2.77)，主导的截断误差包括一个奇导数（三阶导数）。这种情况下，误差一般为离散形式。对于方程(2.79)的迎风差分格式，包括以偶导数（二阶导数）为主导地位的截断误差表现出扩散行为。如方程(2.80)所示，当使用顺风差分格式时，误差表现出的扩散行为具有负扩散性。在这种情况下随着时间推移，解的梯度会变大，并逐渐导致解由原来的数值稳定状态变得发散。如方程(2.74)所示，尽管平流方程的精确解支持这个解，但是中心差分引入的空间振荡会导致数值不稳定以及迎风差分的解随时间扩散。这种误差行为如图 2.13 所示。

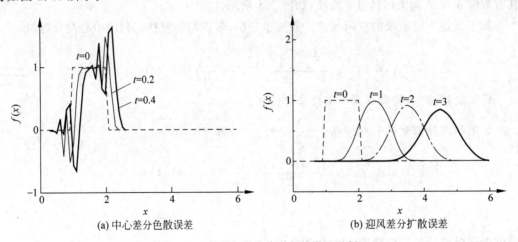

(a) 中心差分色散误差　　　　　(b) 迎风差分扩散误差

图 2.13　对流方程差分引起的误差示例

进一步验证使用迎风有限差分方法的影响：

$$\frac{\partial f}{\partial t}\bigg|_j + c \frac{-f_{j-1} + f_j}{\Delta} = 0 \tag{2.81}$$

用泰勒级数展开，用方程(2.15)代替 f_{j-1}，则方程(2.81)变为

$$\frac{\partial f}{\partial t} + c\,\frac{\partial f}{\partial x} - \frac{c\Delta}{2}\,\frac{\partial^2 f}{\partial x^2} + cO(\Delta^2) = 0 \tag{2.82}$$

注意到式(2.82)以一个纯对流方程(2.74)开始且不包含任何扩散影响。通过采用迎风差分，方程(2.82)包含了扩散项$\dfrac{c\Delta}{2}\dfrac{\partial^2 f}{\partial x^2}$，其扩散系数为$\dfrac{c\Delta}{2}$。与黏度扩散导致的物理发散不同，这种由截断误差产生的数值影响所导致的发散被称为数值扩散。当这个影响出现在动量方程中时，数值扩散被称为数值黏度。利用迎风差分法，由于数值扩散，解会随时间推移变得平滑，如图 2.13 所示(在 3.5.3 节中也有迎风差分格式的应用)。

也可以考虑黏性扩散的情况：

$$\frac{\partial f}{\partial t} + c\,\frac{\partial f}{\partial x} - a\,\frac{\partial^2 f}{\partial x^2} = 0 \tag{2.83}$$

用一阶精度迎风差分将等式左边第二项离散化(应用二阶或更高精度离散化第三项)，实质上变为

$$\frac{\partial f}{\partial t} + c\,\frac{\partial f}{\partial x} - \left(a + \frac{c\Delta}{2}\right)\frac{\partial^2 f}{\partial x^2} + cO(\Delta^2) = 0 \tag{2.84}$$

在对流速度为c且网格尺寸较大的情况下，有可能使$\dfrac{c\Delta}{2} \gg a$，在这种情况下数值扩散的影响远大于物理扩散。如果动量方程中的数值扩散影响大，可能导致解对黏性扩散变得不敏感。

在上述讨论中，重点分析了截断误差的二阶与三阶导数对对流方程数值解的影响。接下来进一步概括分析并考虑奇偶导数对误差行为的影响。为方便分析，认为解$x \in [0, 2\pi]$为周期解。首先，初始对流方程的解可以写为离散形式：

$$f(x, t) = \sum_{k=0}^{\infty} \tilde{f}_k(t)\exp(\mathrm{i}kx) \tag{2.85}$$

把波数表示为k，将式(2.85)代入对流方程$\dfrac{\partial f}{\partial t} + c\,\dfrac{\partial f}{\partial x} = 0$中，对于每个波数，有

$$\frac{\partial \tilde{f}_k}{\partial t} = -\mathrm{i}kc\tilde{f}_k \tag{2.86}$$

对该微分方程求解得到以下精确解：

$$f(x, t) = \sum_{k=0}^{\infty} \tilde{f}_k(0)\exp[\mathrm{i}k(x - ct)] \tag{2.87}$$

式中，$\tilde{f}_k(0)$可由初始状态确定。

接下来，检验对流方程截断误差的影响。事实上，离散对流方程导致

$$\frac{\partial f}{\partial t} + c\,\frac{\partial f}{\partial x} = \alpha_2\,\frac{\partial^2 f}{\partial x^2} + \alpha_3\,\frac{\partial^3 f}{\partial x^3} + \alpha_4\,\frac{\partial^4 f}{\partial x^4} + \cdots \tag{2.88}$$

式中,α_2,α_3,α_4,…取决于有限差分格式与网格间距 Δ。将方程(2.85)中 f 的分离形式代入方程(2.88),对于所有的波数,有

$$\frac{\partial \tilde{f}_k}{\partial t} = [-\mathrm{i}k(c + k^2\alpha_3 - k^4\alpha_5 + \cdots) + (-k^2\alpha_2 + k^4\alpha_4 - \cdots)]\tilde{f}_k \qquad (2.89)$$

上述方程的解为

$$f(x,t) = \sum_{k=0}^{\infty} \tilde{f}_k(0)\exp[\mathrm{i}k\{x - (c + k^2\alpha_3 - k^4\alpha_5 + \cdots)t\}] \times$$

$$\exp[(-k^2\alpha_3 + k^4\alpha_4 - \cdots)t] \qquad (2.90)$$

比较方程(2.87)与方程(2.90),可以发现数值解中出现了额外的项。观察到对流速度 c 被修正为具有截断误差的 $(c + k^2\alpha_3 - k^4\alpha_5 + \cdots)$。当奇数项 j 所对应的 α_j 为非零项时,就会产生这种截断误差。因此,在截断误差中加入奇数项导数时,便可以改变波数相位速度。波的传播情况受到该波数相位速度误差的影响,会变得发散。此外,将 $(-k^2\alpha_2 + k^4\alpha_4 - \cdots)$ 作为组成部分添加到解中,改变了解的增长或下降。对于 $\alpha_2 > 0$,引入二阶导数进行数值扩散,类似地,对于 $\alpha_4 < 0$,引入四阶导数。这样,可以通过数值扩散将偶数导数项添加到控制方程中。

当利用数值模拟进行基础研究时,应尽可能地降低数值误差。工业或者商业软件更倾向于使用迎风差分格式,便于以稳定的数值方法模拟更大范围的流动问题。使用工业或者商业软件时,应知道数值黏度可能会影响输出解,如果离散误差显示出非物理现象,那么模拟流动就是不可信的。因此,怎样验证得出的数值解是我们应该关心的问题,而计算误差可能影响流动参数是我们需要解决的现状。事先预测解如何受误差影响是非常困难的,但由于误差受网格间距划分的影响,所以可以通过检验网格分辨率的变化探究如何影响误差变化。为了表明其中一个方法已经被验证,当网格尺寸已经选定之后,结果必须不再变化。若结果发生了变化,那么至少当网格细化时,应该能够预测误差。

此处讨论的误差是基于空间离散化,并且不考虑微分方程的时间积分(步进)的截断误差。时间步进法与相关的时间离散化误差将会在下文讨论。

2.4　时间步进法

对流扩散方程是一个时间演化方程。当确定对流项以及扩散项之后,可以确定函数 f 的时间变化速率,通过对函数 f 进行数值积分来求解该函数的时间导数。在本节,列举了时间步进(积分)法求解对流扩散方程的一个示例,写成

$$\frac{\partial f}{\partial t} = g(t,f) \qquad (2.91)$$

这里用对流及扩散项 g 表示空间导数项,用 Δt 表示时间步进,用 $t_n = n\Delta t$ 表示离散时

间水平。时间步数记为 n，而且用于 f 的上标表示时间水平（即 $f^n = f(t_n)$）。接下来，假设流场达到时间 t_n 是已知的。换句话说，即在 $f^n, f^{n-1}, f^{n-2}, \cdots$ 和 $g^n, g^{n-1}, g^{n-2}, \cdots$ 事先已知的情况下，f^{n+1} 是确定的。

2.4.1 单步法

首先，仅利用从 $t_n \sim t_{n+1}$ 的计算结果所用时间来讨论单步时间步进方法。使用梯形法则积分方程(2.91)时，有

$$\frac{f^{n+1} - f^n}{\Delta t} = (1 - \alpha)g^n + \alpha g^{n+1} \tag{2.92}$$

式中，$0 \leqslant \alpha \leqslant 1$。对于 $\alpha = 0$，下一时间解 f^{n+1} 可由 $f^{n+1} = f^n + \Delta t g^n$ 中已知的 f^n 和 g^n 确定。这种使用已知的时间信息来计算下一时间解的方法称为显式方法。对于 $0 < \alpha \leqslant 1$，将微分方程进行有限差分离散化可得到一个用于解 f^{n+1} 的方程。这种使用已知和将来的时间信息来计算解的方法称为隐式方法。

当将方程(2.92)中的 α 设为 0 时，得到显式欧拉法：

$$f^{n+1} = f^n + \Delta t g^n \tag{2.93}$$

当将方程(2.92)中的 α 设为 1 时，得到隐式欧拉法：

$$f^{n+1} = f^n + \Delta t g^{n+1} \tag{2.94}$$

以上两种欧拉方程式(2.93)与式(2.94)在时间上都为一阶精度。将 α 设为 1/2，得到 Crank-Nicolson(克兰克-尼科尔森)法：

$$f^{n+1} = f^n + \Delta t \frac{g^n + g^{n+1}}{2} \tag{2.95}$$

上式在时间上为二阶精度。参数 α 一般设为 0、1/2 或 1，很少采用其他值。

参考隐式求解扩散方程(2.8)二阶精度中心差分方程的例子，可以得到

$$\frac{f_j^{n+1}}{\Delta t} - \alpha a \frac{f_{j-1}^{n+1} - 2f_j^{n+1} + f_{j+1}^{n+1}}{\Delta^2} = \frac{f_j^n}{\Delta t} + (1 - \alpha)a \frac{f_{j-1}^n - 2f_j^n + f_{j+1}^n}{\Delta^2} \tag{2.96}$$

上式为一个代数方程，其左侧三角系数矩阵为 f^{n+1}，隐式方法求解式(2.96)时，该方程是线性或非线性取决于 g 的形式。在求解方程组的每个时间步时都增加了运算时间。下面会讨论到，使用显式方法求解可能倾向于非稳定数值，并在求解时通常将时间步设置得很小进而增加运算时间步数。显式方法和隐式方法的选择取决于控制方程以及网格如何建立。对于流体力学公式中的各个项，线性项更适用于隐式格式。另一方面，非线性方程的对流项通常导致计算不稳定，会增加额外计算成本，不适用于隐式处理。

1. 预估-校正法

有一些方法具有显式方法的易用性和类似隐式方法的稳定性，被称为预估-校正法，通

常通过在单一时间进程中引入中间步数来实现对时间积分解的预测与校正。

比如,可以利用显式欧拉方程作为预测并使用预测解 $\tilde{f}$ 作为修正来计算方程(2.94)右侧的 $\tilde{g} = g(t^{n+1}, \tilde{f})$:

$$
\left.\begin{array}{l}
\tilde{f} = f^n + \Delta t g^n \\
f^{n+1} = f^n + \Delta t \tilde{g}
\end{array}\right\} \tag{2.97}
$$

上式称为松野法(Matsuno),该方法常应用于天气预报。

同样可以建立与克兰克-尼科尔森法相似的预测-修正法:

$$
\left.\begin{array}{l}
\tilde{f} = f^n + \Delta t g^n \\
f^{n+1} = f^n + \Delta t \dfrac{g^n + \tilde{g}}{2}
\end{array}\right\} \tag{2.98}
$$

上式称为赫恩(Heun)法。

由于方程(2.98)的格式需要 g^n 的内存分配,因此可以使用如下的等价形式:

$$
f^{n+1} = \frac{1}{2}(f^n + \tilde{f} + \Delta t \tilde{g}) \tag{2.99}
$$

上式只需要分配更小的内存。

2. 龙格-库塔法

可以在上述层面继续扩展,以显式方式在每个时间步引入多个预测。这是一种时间步格式的基础,称为龙格-库塔法。比如两步龙格-库塔法为

$$
\left.\begin{array}{l}
f^{(1)} = f^n + \dfrac{\Delta t}{2} g^n \\
f^{n+1} = f^{(2)} = f^n + \Delta t g^{(1)}
\end{array}\right\} \tag{2.100}
$$

式中,$f^{(m)}$ 中的 m 表示中间步。方程(2.100)有二阶时间精度。

目前为止,二阶积分法依然是使用右侧为时间 t_n 和 t_{n+1} 平均值演化方程的近似方法。可以总结如下。

克兰克-尼科尔森法:

$$
f^{n+1} = f^n + \Delta t \frac{g^n + g^{n+1}}{2} \tag{2.101}
$$

赫恩法:

$$
f^{n+1} = f^n + \Delta t \frac{g^n + \tilde{g}}{2} \tag{2.102}
$$

二阶龙格-库塔法:

$$
f^{n+1} = f^n + \Delta t g^{n+\frac{1}{2}} \tag{2.103}
$$

式中,$g^{n+\frac{1}{2}} = g\left(t_n + \dfrac{\Delta t}{2}, f_n + \dfrac{\Delta t}{2} g^n\right)$。

另一个广泛应用的时间步方法是经典四步龙格-库塔法：

$$
\left.
\begin{aligned}
f^{(1)} &= f^n + \frac{\Delta t}{2} g^{(1)} \\[2mm]
f^{(2)} &= f^n + \frac{\Delta t}{2} g^{(2)} \\[2mm]
f^{(3)} &= f^n + \Delta t g^{(2)} \\[2mm]
f^{n+1} &= f^{(4)} = f^n + \Delta t \frac{g^n + 2g^{(1)} + 2g^{(2)} + g^{(3)}}{6}
\end{aligned}
\right\}
\tag{2.104}
$$

式中，时间为四阶精度。这个四步方法在一个积分步长里采用了欧拉预测、欧拉修正、越级预测以及米尔恩修正。

上述公式使 f^n、g^n 以及 $g^{(1)}$、$g^{(2)}$ 和 $g^{(3)}$ 在计算中必须存储。同时也注意到由威廉姆森提出的龙格-库塔法占用内存较少，因此被广泛用于实现高阶时间精度，能降低内存消耗。

2.4.2　多步法

还有使用显式中当前参数时间 g^n 以及过去参数时间 $g^{n-1}, g^{n-2}, \cdots$ 的时间积分法，这些方法被称为多步法，其中 Adams-Bashforth 法被广泛应用。

考虑到泰勒级数 f^{n+1} 的扩展 f^n，并将 g 代入 $\dfrac{\partial f}{\partial t}$：

$$
\begin{aligned}
f^{n+1} &= f^n + \Delta t \left.\frac{\partial f}{\partial t}\right|^n + \frac{\Delta t^2}{2} \left.\frac{\partial^2 f}{\partial t^2}\right|^n + \frac{\Delta t^3}{6} \left.\frac{\partial^3 f}{\partial t^3}\right|^n + \cdots \\[2mm]
&= f^n + \Delta t g^n + \frac{\Delta t^2}{2} \left.\frac{\partial g}{\partial t}\right|^n + \frac{\Delta t^3}{6} \left.\frac{\partial^2 g}{\partial t^2}\right|^n + \cdots
\end{aligned}
\tag{2.105}
$$

若在上式右边第二项将级数截断，则得到一阶 Adams-Bashforth 法，即为显式欧拉法（式(2.93)）。若扩展至上式右边第三项并插入

$$
\left.\frac{\partial g}{\partial t}\right|^n = \frac{g^n - g^{n-1}}{\Delta t}
\tag{2.106}
$$

即得到二阶 Adams-Bashforth 法：

$$
f^{n+1} = f^n + \Delta t \frac{3g^n - g^{n-1}}{2}
\tag{2.107}
$$

如果继续扩展至泰勒级数第四项并进行替换，则可得到三阶 Adams-Bashforth 法：

$$
\left.\frac{\partial g}{\partial t}\right|^n = \frac{3g^n - 4g^{n-1} + g^{n-2}}{2\Delta t}, \quad \left.\frac{\partial^2 g}{\partial t^2}\right|^n = \frac{g^n - 2g^{n-1} + g^{n-2}}{\Delta t^2}
\tag{2.108}
$$

$$
f^{n+1} = f^n + \Delta t \frac{23g^n - 16g^{n-1} + 5g^{n-2}}{12}
\tag{2.109}
$$

用相似的过程可以得到更高阶 Adams-Bashforth 法。

为了将具有二阶或更高时间精度阶 Adams-Bashforth 法的时域积分初始化,必须有初始条件 f_0 和 g_0 以及过去参数时间 $g^{-1}, g^{-2}, \cdots$(可能并不可用)。因此,需要针对前几个步骤准备一个备选的时间积分方案,直到 Adams-Bashforth 方法收集到所有的信息后再开始执行计算。如果计算对初始条件或瞬变特别敏感,则开始时应选择另一种高精度方法,而不是使用低阶精度 Adams-Bashforth 方法。

2.5   高阶有限差分

本节中,给出了另一种推导高阶有限差分格式的方法。这种方法考虑了隐式导数近似公式,利用紧凑节点实现类似的光谱精度。这种方案已经被证明在研究湍流以及空气声学方面是可行的。由于与声波有关的压力扰动比热力学压力波动小得多,因此求解器需要设计为高阶精度,以便准确地预测上述流动参数。

可用显式方法推导有限差分格式,比如通过以适当的权重将离散函数值相加得到离散导数,也可以用隐式方法通过构建稀疏矩阵方程来求解该导数值。文献[10]给出了一个五点上隐式有限差分法的例子:

$$\beta f'_{j-2} + \alpha f'_{j-1} + f'_j + \alpha f'_{j+1} + \beta f'_{j+2} = c\,\frac{f_{j+3} - f_{j-3}}{6\Delta} + b\,\frac{f_{j+2} - f_{j-2}}{4\Delta} + a\,\frac{f_{j+1} - f_{j-1}}{2\Delta}$$

$$(2.110)$$

对于上式方程,必须满足以下条件以显示截断误差并达到正确的精度阶数:

$$a + b + c = 1 + 2\alpha + 2\beta \qquad \text{(二阶)} \qquad (2.111)$$

$$a + 2^2 b + 3^2 c = 2\,\frac{3!}{2!}(\alpha + 2^2\beta) \qquad \text{(四阶)} \qquad (2.112)$$

$$a + 2^4 b + 3^4 c = 2\,\frac{5!}{4!}(\alpha + 2^4\beta) \qquad \text{(六阶)} \qquad (2.113)$$

$$a + 2^6 b + 3^6 c = 2\,\frac{7!}{6!}(\alpha + 2^6\beta) \qquad \text{(八阶)} \qquad (2.114)$$

$$a + 2^8 b + 3^8 c = 2\,\frac{9!}{8!}(\alpha + 2^8\beta) \qquad \text{(十阶)} \qquad (2.115)$$

基于上述公式的有限差分格式被称为紧凑有限差分格式,是对帕德近似(Padé approximation)的总结。方程(2.110)对应的修正波数为

$$K\Delta = \frac{a\sin(k\Delta) + \dfrac{b}{2}\sin(2k\Delta) + \dfrac{c}{3}\sin(3k\Delta)}{1 + 2\alpha\cos(k\Delta) + 2\beta\cos(2k\Delta)}$$

$$(2.116)$$

为了说明紧凑有限差分格式的精度,思考 $\beta = 0$ 和 $c = 0$ 时方程(2.110)左侧的 3 个对角系统,然后可以找到一组四阶有限差分格式:

$$a=\frac{2}{3}(\alpha+2), \quad b=\frac{1}{3}(4\alpha-1), \quad c=0, \quad \beta=0 \qquad (2.117)$$

注意到重新找到了方程(2.21)中对于 $\alpha=0$ 的四阶差分格式,对于 $\alpha=1/4$,得到经典帕德近似方程。如果选择 $\alpha=1/3$,截断误差会消除并得出六阶紧凑有限差分格式:

$$a=\frac{14}{9}, \quad b=\frac{1}{9}, \quad c=0, \quad \alpha=\frac{1}{3}, \quad \beta=0 \qquad (2.118)$$

这个格式要求求解 3 个对角系统,但需要提供高阶精度。通过对比图 2.14 中对高阶格式的修正波数与基于泰勒级数的经典公式进而说明了这种格式。可以观察到,即使对于高波数,紧凑有限差分格式仍可以使修正波数更靠近实际波数。

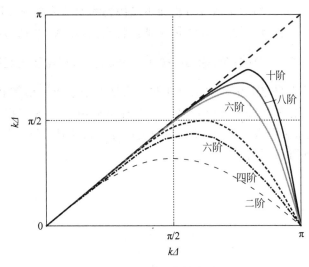

图 2.14　有限差分格式对比

图 2.14 中,实线分别为六阶、八阶、十阶精度的紧凑有限差分法修正波数,虚线分别为基于泰勒级数得到的二阶、四阶、六阶精度的中心差分格式。

一般来说,上述方法可以用来推导更高阶导数近似以及高阶精度有限差分法。要特别注意在构造紧凑有限差分法时的非周期边界。其余的细节可见文献[10]。

2.6　有限差分法的一致性

在 $\Delta\to0$ 和 $\Delta t\to0$ 的范围收敛于初始连续差分方程时,离散微分方程的有限差分法是一致的。换句话说,为了使有限差分法满足一致性,截断误差应该收敛于 0。

下面将利用扩散方程的杜福特-弗兰克尔(DuFort-Frankel)方法说明非一致有限差分格式如何产生不正确结果。

$$\frac{f_j^{n+1} - f_j^{n-1}}{2\Delta t} = \alpha \frac{f_{j-1}^n - 2\dfrac{f_j^{n+1} + f_j^{n-1}}{2} + f_{j+1}^n}{\Delta^2} \qquad (2.119)$$

空间离散化与二阶中心差分格式相似,但是用时间平均值取代中点值。对于时间导数,采用上一时间和下一时间步长。当差分格式无条件稳定时,泰勒级数分析表明,在 Δt 和 Δ 的极限接近 0 时,使用杜福特-弗兰克尔方法使得

$$\frac{\partial f}{\partial t} = \alpha \frac{\partial^2 f}{\partial x^2} - \alpha \frac{\Delta t^2}{\Delta^2} \frac{\partial^2 f}{\partial t^2} \qquad (2.120)$$

这意味着为使该方法产生正确解,时间步长 Δt 必须比空间步长 Δ 以更快的速度逼近 0,否则,将得到一个双曲线型的偏微分方程而不是抛物线型的偏微分方程,这将完全改变数值解的性质。尽管杜福特-弗兰克尔方法是无条件稳定的,但式(2.120)的不一致性使方程的解无法实现收敛。为了实现收敛,除 $\Delta t \to 0$ 和 $\Delta \to 0$ 之外,还需要满足 $\dfrac{\Delta t}{\Delta} \to 0$ 的条件。

以上简要说明了有限差分格式的稳定性和一致性对于求出数值解和线性 PDE 精确解的组合是必须的,这被称为 Lax 等价定理。该定理不适用于 N-S 方程等非线性方程。但是,它的确给我们提供了深入的见解,即满足稳定性与一致性对于发展收敛的有限差分方程来解决流动问题是非常重要的。

第 3 章

不可压缩流动的数值模拟

3.1 引言

对于可压缩流动与不可压缩流动,基于质量守恒方程中是否包含时间导数项,数值解法的表述会有所不同。流动可通过质量、动量和能量守恒方程描述。对于不可压缩流动,可由动量守恒方程推导出动能守恒方程。因此,只需考虑质量和动量守恒方程。此外,如果温度场不是所研究的变量,则公式中不需要考虑内能。需要注意的是,对动量守恒的处理,应与动能守恒的离散方式保持一致,因为它影响可靠解的实现与数值稳定性。

本章给出了不可压缩流动在笛卡儿网格中的数值解法。首先,解释了在不可压缩流动求解器中,速度场与压力场是如何耦合的。其次,详细讨论如何对控制方程中的每一项进行有限差分近似。

3.2 不可压缩流动求解器的时间步进

回顾可压缩流动的质量守恒方程与动量守恒方程:

$$\frac{\partial \rho}{\partial t} = -\nabla \cdot (\rho \boldsymbol{u}) \tag{3.1}$$

$$\frac{\partial (\rho \boldsymbol{u})}{\partial t} = -\nabla \cdot (\rho \boldsymbol{u} \boldsymbol{u} - \boldsymbol{T}) \tag{3.2}$$

假设没有源项或外力。对于可压缩流动,可根据已知的流场计算出上述方程的右侧,从而确定密度和动量的时间变化率。比如,对式(3.1)和式(3.2)使用一阶显式欧拉方法,得到

$$\rho^{n+1} = \rho^n - \Delta t \nabla \cdot (\rho \boldsymbol{u})^n \tag{3.3}$$

$$(\rho \boldsymbol{u})^{n+1} = (\rho \boldsymbol{u})^n - \Delta t \nabla \cdot (\rho \boldsymbol{u} \boldsymbol{u} - \boldsymbol{T})^n \tag{3.4}$$

式中,Δt 为 $t_n = n \Delta t$ 的时间步。根据上式,可以确定下一个时间步中 ρ^{n+1} 和 $\boldsymbol{u}^{n+1}$ 的值。

类似地,可以通过能量方程得到内能 e^{n+1}。通过状态方程可以求得压力 p^{n+1} 以及温度 T^{n+1}。一旦初始状态确定,可以重复时间步计算方程来模拟流场。由于实践中的显式欧拉法缺乏精度以及稳定性,上述讨论仅作为概念的说明。后面会介绍如何利用数值技术提高实际模拟流动的精度以及稳定性。

对于不可压缩流动,质量守恒方程(3.1)和动量守恒方程(3.2)分别变为

$$\nabla \cdot \boldsymbol{u} = 0 \tag{3.5}$$

$$\frac{\partial \boldsymbol{u}}{\partial t} = -\nabla \cdot (\boldsymbol{uu}) + \frac{1}{\rho} \nabla \cdot T \tag{3.6}$$

如同 1.3.5 节所述,能量方程可与质量方程、动量方程解耦。因此,不需要明确考虑能量方程。式(3.5)不包含时间导数项以及运动学约束流动的自由发散(螺线管)。不可压缩流动的控制方程中,没有出现压力的时间导数。流场根据式(3.6)所述进行演变,同时满足由式(3.5)所施加的不可压缩性约束。需要确定压力使计算的流动与两个守恒方程一致。

式(3.6)是显式欧拉方法的一个简单的时间步长例子。在下面的讨论中,假设密度 ρ 为一个简单常数,有

$$\boldsymbol{u}^{n+1} = \boldsymbol{u}^n + \Delta t (\boldsymbol{A}^n - \nabla P^n + \boldsymbol{B}^n) \tag{3.7}$$

式中,$P = p/\rho$。非线性对流项和黏度项分别表示为

$$\boldsymbol{A} = -\nabla \cdot (\boldsymbol{uu}), \quad \boldsymbol{B} = \nabla \cdot \{\nu[\nabla \boldsymbol{u} + (\nabla \boldsymbol{u})^T]\} \tag{3.8}$$

对于恒定黏度,黏度项变为 $\boldsymbol{B} = \nu \nabla^2 \boldsymbol{u}$。即使已知的速度场 $\boldsymbol{u}^n$ 不满足连续性方程 $\nabla \cdot \boldsymbol{u}^n = 0$,基于式(3.7)预测的 $\boldsymbol{u}^{n+1}$ 也会包含离散和舍入误差,从而导致强制执行不可压缩性时产生误差。如果这些误差随时间积累,计算结果最终会与真实结果差距很大。为避免这种误差,压力场的确定应该满足 $\nabla \cdot \boldsymbol{u}^{n+1} = 0$。

现在考虑在式(3.7)中用 P^{n+1} 替代 P^n,则

$$\boldsymbol{u}^{n+1} = \boldsymbol{u}^n + \Delta t (\boldsymbol{A}^n - \nabla P^{n+1} + \boldsymbol{B}^n) \tag{3.9}$$

式中,P 可视为**强制不可压约束的标量势**,满足 $\nabla \cdot \boldsymbol{u}^{n+1} = 0$。为确定真实流场的 p,必须使用满足连续性方程的速度场以及适当的压力场求解压力泊松方程,这将在 3.8.2 节中详细讨论。变量 P 可认为是时间 $t \in (t_n, t_{n+1})$ 的中间压力和强制增强不可压缩性的标量势的总和。因此,不需要讨论 P 的上标到底是 n 还是 $n+1$。因为在新的时间步下,P 都需要满足 $\nabla \cdot \boldsymbol{u}^{n+1} = 0$,$P^{n+1}$ 仅仅用于标记。

对式(3.9)取散度,利用 $\nabla \cdot \boldsymbol{u}^{n+1} = 0$,得到压力泊松方程:

$$\nabla^2 P^{n+1} = \frac{\nabla \cdot \boldsymbol{u}^n}{\Delta t} + \nabla \cdot (\boldsymbol{A}^n + \boldsymbol{B}^n) \tag{3.10}$$

方程右侧第一项保留。意味着即使在时间步 t_n 时的质量守恒存在误差($\nabla \cdot \boldsymbol{u}^{n+1} \neq 0$),式(3.10)的解也会使在时间点 t_{n+1} 处的流场满足 $\nabla \cdot \boldsymbol{u}^{n+1} = 0$。在利用迭代求解器求解式(3.10)时,舍入误差以及剩余误差是不可避免的。速度场的散度 $\nabla \cdot \boldsymbol{u}^{n+1}$ 会保留这些误差。只要精确地求解式(3.10),质量守恒的误差就不会随时间推移而增大。

不可压缩流动的压力场受式(3.10)控制,该方程为一个椭圆偏微分方程(边界值问题)。这意味着**局部压力的变化会对流场产生全局的影响**。这种现象表明了对于不可压缩流动,声速是"无限"的。

上面讨论的是求解 N-S 方程(3.5)与方程(3.6)的实质,即通过数值时间步长计算不可压缩流场。因此,有了数值求解不稳定流动的一般运算法则。如果流动随时间停止变化,就有了一个稳定的流场。为得到可靠而精确的解法,必须解决几个问题,即空间离散格式的兼容性与时间积分的稳定性。下面,将讨论把这些观点考虑在内的一些方法。

低马赫数流动的处理:尽管不存在完全不可压缩流动,当马赫数 $M(\equiv u/c$,特征流速 u 与声速 c 的比值)较低时,可压缩性的影响可以忽略。从经验上讲,$M < 0.3$ 的流动可以近似为不可压缩流动。利用不可压缩流动求解器求解低马赫数流动时需要使用很小的时间步长来解决声波问题,以使得整体方案最佳[①]。这是开发不可压缩流动求解器的原因之一。当可压缩性影响不可忽略时(例如空气声学),低马赫数流动的处理可能具有挑战性。在这种情况下,可以对可压缩流动求解器进行预处理,或者扩展不可压缩流动求解器的范围,使其能够包含弱压缩效应。

3.3　不可压缩流动求解器

本节主要介绍基于标记网格(marker and cell,MAC)法的不可压缩流动求解器。MAC法最初由哈罗和韦尔奇[11]在 1965 年提出,用于求解不可压缩流动。该方法的亮点包括:

(1) 利用交错网格来避免压力场中的寄生振荡以及质量守恒误差的累积。

(2) 使用标记粒子来解决自由表面的流动。

图 3.1 中展示了使用此解法的溃堤示例。

尽管初始 MAC 法是一个相对复杂的运算方法,但在利用交错网格来简化原始公式和发展先进技术来分析自由面流动方面取得了一些进展。**尽管 MAC 法最初指的是专注于使用标记粒子的方法**,但现在已经普遍用来代指使用交错网格的 MAC 法。因此,本节将描述使用交错网格思想的基本方法,而不再把重点放在使用 MAC 法来处理自由面流动。

3.3.1　分步(投影)法

在不可压缩流动的求解算法中引入耦合连续性方程与压力场的分步法。式(3.9)中,压力梯度项是未知的,使时间步进对 u^{n+1} 十分重要。因此,将分解为两个步骤:

---

① 因为特征值的大小存在差异,数值求解刚性微分方程需要非常小的时间步长。在低马赫数流动的情况下,时间步长必须满足声速 c 的 CFL 条件比平流速度 u 的小得多,导致时间集成需要很小的时间步长。

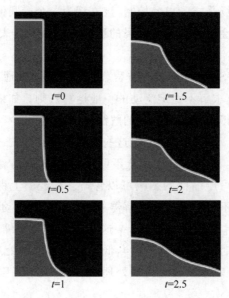

$t=0$　　　　　　$t=1.5$

$t=0.5$　　　　　　$t=2$

$t=1$　　　　　　$t=2.5$

图 3.1　哈罗和韦尔奇用 MAC 法求解的溃堤示例[11]

$$u^F = u^n + \Delta t (A^n + B^n) \tag{3.11}$$

$$u^{n+1} = u^F - \Delta t \nabla P^{n+1} \tag{3.12}$$

在两步之间需要确定 P^{n+1} 的值。为了满足 u^{n+1} 的连续性方程,将式(3.12)代入连续性方程以获得压力泊松方程:

$$\nabla^2 P^{n+1} = \frac{1}{\Delta t} \nabla \cdot u^F \tag{3.13}$$

利用泊松方程解 P^{n+1},式(3.12)包含的压力梯度项可确保满足质量守恒。由于时间步进的步数是分段的,所以这种方法称为分步法。

需要注意:式(3.13)中的 $\nabla \cdot u^F$ 包含 $\nabla \cdot u^n$,这是因为式(3.11)右边第一项包含 u^n。一般来说,式(3.13)是以迭代法求解的(例如 SOR 法、多网格法以及共轭梯度法),其收敛公差比期望公差大几个数量级。由于大部分计算时间用于迭代以求解不可压缩流动的压力泊松方程,只能执行尽量少的迭代以进行下一个时间步。除非误差 $\nabla \cdot u$ 不随时间增长 ,否则要通过 MAC 法在每个时间步移除连续性误差,从而获得相对快的时间进度。

一般来说,分步法可以指多种类型的离散方法,比如 $\dfrac{\mathrm{d}f}{\mathrm{d}t} = g + h$。本书中,分步法是指逐次对右侧项进行时间步进的方法,比如 $f^F = f^n + \Delta t g$ 以及 $f^{n+1} = f^F + \Delta t h$。其他学者可能会把分步法称为对 g 和 h 采用不同时间集成格式的方法,而不考虑逐次对一项进行时间步进(也称为分割或混合格式)。投影法指的是将式(3.11)的速度场 u^F 投影至满足不可压缩性的解空间,并用式(3.12)确定速度场 u^{n+1}。图3.2给出了投影法的示例。

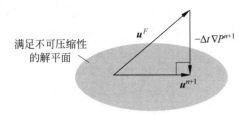

图3.2 在 u^{n+1} 上执行不可压缩性的投影法约束示例

3.3.2 简化 MAC(SMAC)法

简化 MAC(simplified marker-and-cell,SMAC)法[12]也是基于式(3.9),但是以如下方式进行时间步的分解:

$$u^P = u^n + \Delta t (A^n - \nabla P^n + B^n) \tag{3.14}$$

$$u^{n+1} = u^P - \Delta t \nabla \phi \tag{3.15}$$

式中,ϕ 代指 P^{n+1}。

泊松方程如下:

$$\nabla^2 \phi = \frac{1}{\Delta t} \nabla \cdot u^P \tag{3.16}$$

求解上面的泊松方程以确定 ϕ,并利用 $P^{n+1} = P^n + \phi$ 确定 P。变量 ϕ 是一个与压力场的时间变化速率成正比的标量势。原则上来说,这种方法与上文中的分步法相同。该方法名称中的"简化"体现在该方法与初始 MAC 法相比的简化程度。这个名字并不意味着对分步法进行简化。

下面进一步分析分步法和 SMAC 法的区别。分步法在计算 u^F 时不考虑压力梯度的影响。因此,在一个分步中 u^F 不是预测解而是一个中间解,是通过添加压力梯度影响来形成下一时间步的速度场。另一方面,u^P 是对 SMAC 法中速度场的预测。加入 ϕ 的梯度作为速度场的修正。因此,SMAC 法可作为预测-修正的方案。上标 F(分步)以及 P(预测)用于强调这些不同。由于 SMAC 法在其第一个子步骤里预测速度场,所以可以很简单地纳入边界条件。对边界条件的处理细节会在 3.8 节中给出。

3.3.3 HSMAC 法以及 SIMPLE 法

分步法和 SMAC 法是在求解压力泊松方程的基础上,在每个时间步上更新速度场。与这两种方法不同的 HSMAC 法和 SIMPLE 法是以迭代的方法求解速度场与压力场。

HSMAC 法[13]以迭代的方式来修正满足连续性方程的速度场以及压力场。首先,用式(3.14)预测速度场,方法与 SMAC 法相同。之后将结果设为初始点 $\boldsymbol{u}^{\langle 0 \rangle} = \boldsymbol{u}^P$ 和 $P^{\langle 0 \rangle} = P^n$,以迭代的方式执行下面 3 个方程,同时求解速度场与压力场。

$$\phi = -\frac{\omega \nabla \cdot \boldsymbol{u}^{\langle m \rangle}}{2\Delta t \left[\frac{1}{(\Delta x)^2} + \frac{1}{(\Delta y)^2} + \frac{1}{(\Delta z)^2} \right]} \tag{3.17}$$

$$\boldsymbol{u}^{\langle m+1 \rangle} = \boldsymbol{u}^{\langle m \rangle} - \Delta t \nabla \phi \tag{3.18}$$

$$P^{\langle m+1 \rangle} = P^{\langle m \rangle} + \phi \tag{3.19}$$

式中,迭代次数 $m = 0, 1, 2, \cdots$。这里,网格在每个方向上的划分记为 Δx、Δy 和 Δz,且松弛参数 ω 通常选择 1.7。使用式(3.17)~式(3.19)而非式(3.16)。式(3.17)是压力泊松方程的总对角化,并且不会使 $\boldsymbol{u}^{\langle 1 \rangle}$ 直接满足连续性方程。通过式(3.17)~式(3.19)的迭代,质量守恒的误差会减小。当 $\nabla \cdot \boldsymbol{u}^{\langle m \rangle}$ 变得相当小的时候,可令 $\boldsymbol{u}^{\langle m+1 \rangle} = \boldsymbol{u}^{\langle m \rangle}$,$P^{\langle m+1 \rangle} = P^{\langle m \rangle}$。值得注意的是,连续性方程的误差 $\nabla \cdot \boldsymbol{u}^{\langle m \rangle}$ 可直接作为 HSMAC 法的收敛性判别标准。离散化与迭代求解器的其他细节见 3.4.3 节。

SIMPLE 法与 MAC 法有区别,但是二者在交错网格控制方程的离散化方面有共同点。SIMPLE 法用隐式方法处理对流项以及扩散项,并通过迭代来确定速度与压力变量。在这方面,SIMPLE 法与用显式方法处理对流项和扩散项的 HSMAC 法有很大区别,HSMAC 法用于计算后续迭代的初始值。

3.3.4　时间步进的精度与稳定性

为简单起见,本书使用一阶显式欧拉方法。但是该方法在预测不稳定流体流动时缺乏数值稳定性和精度。为使不可压缩流动求解器实用化,必须**提高求解器的精度和数值稳定性**。用来处理点的时间步进方法有 Adams-Bashforth 法、克兰克-尼科尔森法以及龙格-库塔法。

对于 SMAC 法的预测步骤,可以利用二阶以及三阶 Adams-Bashforth 法(见 2.4.2 节)求解对流项以及扩散项,式(3.14)分别重新写为

$$\boldsymbol{u}^P = \boldsymbol{u}^n + \Delta t \left[-\nabla P^n + \frac{3}{2}(\boldsymbol{A}^n + \boldsymbol{B}^n) - \frac{1}{2}(\boldsymbol{A}^{n-1} + \boldsymbol{B}^{n-1}) \right] \tag{3.20}$$

$$\boldsymbol{u}^P = \boldsymbol{u}^n + \Delta t \left[-\nabla P^n + \frac{23}{12}(\boldsymbol{A}^n + \boldsymbol{B}^n) - \frac{16}{12}(\boldsymbol{A}^{n-1} + \boldsymbol{B}^{n-1}) + \frac{5}{12}(\boldsymbol{A}^{n-2} + \boldsymbol{B}^{n-2}) \right] \tag{3.21}$$

二阶精度 Adams-Bashforth 法经常被使用,而三阶精度时间积分方法很好地平衡了稳定性与计算成本。为了满足连续性方程,将压力项表述得比一阶更精确极难实现,因为 P_{n-1}^{n+1} 仅仅是一个标量势。

为提高数值稳定性,隐式处理黏度项是有必要的。采用细化网格分辨壁面附近区域的黏性扩散影响十分重要。对于恒定黏度 ν,黏度项变为 $\boldsymbol{B} = \nu \nabla^2 \boldsymbol{u}$,很容易用隐式方法进行处理。可以用二阶 Adams-Bashforth 法对非线性对流项进行时间步进,并且使用克兰克-尼科尔森法改变黏度积分(见 2.4.1 节)。对上述时间步长的选择,SMAC 法的预测步长可以表示为

$$\boldsymbol{u}^P - \Delta t\, \frac{\nu}{2}\, \nabla^2 \boldsymbol{u}^P = \boldsymbol{u}^n + \Delta t \left(-\nabla P^n + \frac{3\boldsymbol{A}^n - \boldsymbol{A}^{n-1}}{2} + \frac{\nu}{2}\, \nabla^2 \boldsymbol{u}^n \right) \tag{3.22}$$

通过隐式处理黏度项,必须求解除椭圆偏微分方程之外的抛物线型偏微分方程(3.16),以确定压力大小。后面将会讨论,使用交叉网格可以确定细化网格不同位置上的变量,从而对速度和压力变量的不同分量得到不同有限差分公式。因此,编程可能更加困难。即使隐式处理黏度项,每个时间步的计算误差也不会明显增加。由于速度场以 $\boldsymbol{u}^{n+1} = \boldsymbol{u}^P - \Delta t\, \nabla \phi$ 来修正,因此必须求解泊松方程(3.16)以满足 $\nabla \cdot \boldsymbol{u}^{n+1} = 0$,压力变量会根据下式更新:

$$P^{n+1} = P^n + \phi - \frac{\nu}{2} \Delta t\, \nabla^2 \phi \tag{3.23}$$

式中,拉普拉斯算子 ∇^2 应该与压力泊松方程采用相同的方式离散。上面描述的是基于 Kim 与 Moin[14] 对 SMAC 法进行近似修正的运算。

前文给出了一个提高精度阶数并提高时间数值稳定的例子。对于大多数工程应用,二阶时间精度应该足够。采用隐式时间步处理黏度项取决于网格在壁面附近的分布方式。虽然很难说隐式处理黏度项的标准是什么,但如果可以通过增大时间步尺寸甚至增加隐式求解器的计算来减少总计算量,那么采用隐式处理是十分明智的。也可以使用较大时间步长的半隐式处理非线性对流项。然而,在大时间步长时选用低存储的龙格-库塔法来实现更高的时间精度会更有效。

当选择数值方法时,应该考虑整体工作效率,而不仅仅是计算效率。如果目标是开发一个常规使用程序,那么投入时间来使程序达到最高效率是值得的。对于仅使用一次的程序,应当选择容易编写的方法,即使其效率比较低下。方法的选择应该取决于程序的用途。

3.3.5　不可压缩流动求解器的时间步进总结

为了分析基于 MAC 法的不可压缩流动的时间精度,用基于文献的矩阵形式来总结时间步进法。以不可压缩(N-S)方程为例,其离散矩阵形式为

$$\frac{\boldsymbol{u}^{n+1} - \boldsymbol{u}^n}{\Delta t} = -GP^{n+1} + \boldsymbol{A}^n + \nu L \boldsymbol{u}^n \tag{3.24}$$

$$D\boldsymbol{u}^{n+1} = 0 \tag{3.25}$$

在没有外力的情况下认为此处的密度与黏度恒定。这里,$\boldsymbol{A}$ 为对流项,G 为离散梯度算子,L 为离散拉普拉斯算子,D 为离散散度算子。为便于讨论时间步进格式,假设边界条件的

实施不会在上式右侧产生非齐次（非零）向量。边界条件的实施会在 3.8 节中讨论。我们发现 L 为方阵，但 G 和 D 为非方阵。上述离散化基于简化的显式欧拉方法，在后面会以二阶方法进行代替。

1. 分步（投影）法

可以将式（3.24）与式（3.25）用矩阵方程形式表示为

$$\begin{bmatrix} \boldsymbol{I} & \Delta t G \\ D & 0 \end{bmatrix} \begin{bmatrix} \boldsymbol{u}^{n+1} \\ P^{n+1} \end{bmatrix} = \begin{bmatrix} \boldsymbol{u}^n + \Delta t (\boldsymbol{A}^n + \nu L \boldsymbol{u}^n) \\ 0 \end{bmatrix} \tag{3.26}$$

式中，$\boldsymbol{I}$ 为单位矩阵。将矩阵方程的左侧进行 LU 分解，上述方程分解为两个方程：

$$\begin{bmatrix} \boldsymbol{I} & 0 \\ D & -\Delta t DG \end{bmatrix} \begin{bmatrix} \boldsymbol{u}^F \\ P^* \end{bmatrix} = \begin{bmatrix} \boldsymbol{u}^n + \Delta t (\boldsymbol{A}^n + \nu L \boldsymbol{u}^n) \\ 0 \end{bmatrix} \tag{3.27}$$

$$\begin{bmatrix} \boldsymbol{I} & \Delta t G \\ 0 & \boldsymbol{I} \end{bmatrix} \begin{bmatrix} \boldsymbol{u}^{n+1} \\ P^{n+1} \end{bmatrix} = \begin{bmatrix} \boldsymbol{u}^F \\ P^* \end{bmatrix} \tag{3.28}$$

式中，$P^* = P^{n+1}$。将方程扩展，得到分步（投影）法的传统表达：

$$\boldsymbol{u}^F = \boldsymbol{u}^n + \Delta t (\boldsymbol{A}^n + \nu L \boldsymbol{u}^n) \tag{3.29}$$

$$DGP^{n+1} = \frac{1}{\Delta t} D \boldsymbol{u}^F \tag{3.30}$$

$$\boldsymbol{u}^{n+1} = \boldsymbol{u}^F - \Delta t GP^{n+1} \tag{3.31}$$

应该注意，离散算子 $DG \neq L$（压力和速度的离散拉普拉斯算子大小不同）。

2. 简化 MAC（SMAC）法

通过设置 $\delta P = P^{n+1} - P^n$，式（3.24）和式（3.25）可以表示为

$$\begin{bmatrix} \boldsymbol{I} & \Delta t G \\ D & 0 \end{bmatrix} \begin{bmatrix} \boldsymbol{u}^{n+1} \\ \delta P \end{bmatrix} = \begin{bmatrix} \boldsymbol{u}^n + \Delta t (-GP^n + \boldsymbol{A}^n + \nu L \boldsymbol{u}^n) \\ 0 \end{bmatrix} \tag{3.32}$$

利用矩阵的 LU 分解，发现

$$\begin{bmatrix} \boldsymbol{I} & 0 \\ D & -\Delta t DG \end{bmatrix} \begin{bmatrix} \boldsymbol{u}^P \\ \delta P^* \end{bmatrix} = \begin{bmatrix} \boldsymbol{u}^n + \Delta t (-GP^n + \boldsymbol{A}^n + \nu L \boldsymbol{u}^n) \\ 0 \end{bmatrix} \tag{3.33}$$

$$\begin{bmatrix} \boldsymbol{I} & \Delta t G \\ 0 & \boldsymbol{I} \end{bmatrix} \begin{bmatrix} \boldsymbol{u}^{n+1} \\ \delta P \end{bmatrix} = \begin{bmatrix} \boldsymbol{u}^P \\ \delta P^* \end{bmatrix} \tag{3.34}$$

式中，$\delta P^* = \delta P$。利用这种分解可得到 SMAC 法的时间步算法：

$$\boldsymbol{u}^P = \boldsymbol{u}^n + \Delta t (-GP^n + \boldsymbol{A}^n + \nu L \boldsymbol{u}^n) \tag{3.35}$$

$$DG \delta P = \frac{1}{\Delta t} D \boldsymbol{u}^P \tag{3.36}$$

$$u^{n+1} = u^P - \Delta t G(\delta P) \tag{3.37}$$

$$P^{n+1} = P^n + \delta P \tag{3.38}$$

如之前讨论的,压力梯度项 GP^n 用于求得 u^P 的预测值。

3. 高阶精度时间步进

由于对流项 A 是非线性的,所以利用二阶精度 Adams-Bashforth 法处理对流项。另外,选择二阶精度克兰克-尼科尔森法处理黏度项 Lu,由于黏度项是线性的且黏度 ν 恒定,这使得隐式处理非常简单。对这些时间步进法的选择,动量方程可以以二阶方式进行时间离散化。即

$$\frac{u^{n+1} - u^n}{\Delta t} = -GP^{n+1} + \frac{1}{2}(3A^n - A^{n-1}) + \frac{1}{2}\nu L(u^{n+1} + u^n) \tag{3.39}$$

为简化起见,使用以下符号:

$$R = I - \frac{\Delta t}{2}\nu L, \quad S = I + \frac{\Delta t}{2}\nu L \tag{3.40}$$

将式(3.39)重新表示为

$$Ru^{n+1} + \Delta t GP^{n+1} = Su^n + \frac{\Delta t}{2}(3A^n - A^{n-1}) \tag{3.41}$$

将式(3.41)与式(3.25)合并到以下矩阵方程中:

$$\begin{bmatrix} R & \Delta t G \\ D & 0 \end{bmatrix} \begin{bmatrix} u^{n+1} \\ P^{n+1} \end{bmatrix} = \begin{bmatrix} Su^n + \dfrac{\Delta t}{2}(3A^n - A^{n-1}) \\ 0 \end{bmatrix} \tag{3.42}$$

将矩阵方程的左侧的矩阵进行 LU 分解,有

$$\begin{bmatrix} R & \Delta t G \\ D & 0 \end{bmatrix} = \begin{bmatrix} R & 0 \\ D & -\Delta t DR^{-1}G \end{bmatrix} \begin{bmatrix} I & \Delta t R^{-1}G \\ 0 & I \end{bmatrix} \tag{3.43}$$

得到分步法的运算法则:

$$Ru^F = Su^n + \frac{\Delta t}{2}(3A^n - A^{n-1}) \tag{3.44}$$

$$DR^{-1}GP^{n+1} = \frac{1}{\Delta t}Du^F \tag{3.45}$$

$$u^{n+1} = u^F - \Delta t R^{-1}GP^{n+1} \tag{3.46}$$

可以用矩阵求解器确定式(3.44)的分步速度 u^F。但是由于式(3.45)左侧算子 $DR^{-1}G$ 中出现了 R^{-1},使压力场 P^{n+1} 的确定变得十分困难。因此,直接求解式(3.45)是不切实际的,需要进行嵌套迭代。

针对上述问题,Kim 和 Moin 提出了以下分步法:

$$Ru^F = Su^n + \frac{\Delta t}{2}(3A^n - A^{n-1}) \tag{3.47}$$

$$DG\varphi = \frac{1}{\Delta t}D\boldsymbol{u}^F \tag{3.48}$$

$$\boldsymbol{u}^{n+1} = \boldsymbol{u}^F - \Delta t G\varphi \tag{3.49}$$

$$P^{n+1} = R\varphi \tag{3.50}$$

从式(3.50)中可以得知 $\varphi = R^{-1}P^{n+1}$，将其代入式(3.48)与式(3.49)，得到

$$DGR^{-1}P^{n+1} = \frac{1}{\Delta t}D\boldsymbol{u}^F \tag{3.51}$$

$$\boldsymbol{u}^{n+1} = \boldsymbol{u}^F - \Delta t GR^{-1}P^{n+1} \tag{3.52}$$

将上述两个方程与式(3.45)和式(3.46)对比，注意到作用于压力变量的算子从 $R^{-1}G$ 变为 GR^{-1}。注意，R^{-1} 和 G 是不可交换的(即 $R^{-1}G \neq GR^{-1}$)。在离散形式中，由于尺寸不一致，故不能执行 GR^{-1}。虽然式(3.47)在时间上保持二阶精度，但交换行误差的存在将导致整个方法的二阶精度丢失，这个问题在分步法的许多变形中都存在，应当谨慎处理。

为避免时间精度损失以及具有兼容性的矩阵运算，Perot 在式(3.43)中用下述展开来扩展 R^{-1} (或者等同式(3.44)和式(3.46))：

$$R^{-1} = \left(\boldsymbol{I} - \frac{\Delta t}{2}\nu L\right)^{-1} = \boldsymbol{I} + \frac{\Delta t}{2}\nu L + \left(\frac{\Delta t}{2}\nu L\right)^2 + \cdots \tag{3.53}$$

将式(3.53)的展开式保留两项或更多项得到二阶时间精度。

另一种得到理想时间精度的方法是利用式(3.42)中的压力差分(三角形式) $\delta P = P^{n+1} - P^n$ 来得到：

$$\begin{bmatrix} R & \Delta t G \\ D & 0 \end{bmatrix}\begin{bmatrix} \boldsymbol{u}^{n+1} \\ \delta P \end{bmatrix} = \begin{bmatrix} -\Delta t GP^n + S\boldsymbol{u}^n + \dfrac{\Delta t}{2}(3\boldsymbol{A}^n - \boldsymbol{A}^{n-1}) \\ 0 \end{bmatrix} \tag{3.54}$$

将上式左边矩阵中右上角的参数先乘以 R，再进行 LU 分解：

$$\begin{bmatrix} R & \Delta t RG \\ D & 0 \end{bmatrix} = \begin{bmatrix} R & 0 \\ D & -\Delta t DG \end{bmatrix}\begin{bmatrix} \boldsymbol{I} & \Delta t G \\ 0 & \boldsymbol{I} \end{bmatrix} \tag{3.55}$$

得到下列算法：

$$R\boldsymbol{u}^P = -\Delta t GP^n + S\boldsymbol{u}^n + \frac{\Delta t}{2}(3\boldsymbol{A}^n - \boldsymbol{A}^{n-1}) \tag{3.56}$$

$$DG\delta P = \frac{1}{\Delta t}D\boldsymbol{u}^P \tag{3.57}$$

$$\boldsymbol{u}^{n+1} = \boldsymbol{u}^P - \Delta t G\delta P \tag{3.58}$$

$$P^{n+1} = P^n + \delta P \tag{3.59}$$

式(3.55)与式(3.54)近似，产生了下列误差：

$$(\boldsymbol{I} - R)\delta P = \frac{\Delta t}{2}\nu L\delta P = O(\Delta t^2) \tag{3.60}$$

上式可认为是给定二阶 $\delta P = O(\Delta t)$ 形式。基于预测的公式，利用压力差 δP 避免了时间精度的损失。

4. 三角公式

可将克兰克-尼科尔森法中的隐式速度项分解来求解速度场。Dukowicz 和 Dvinsky 利用三角公式减小了上述求解器时间精度的损失，即使用隐式算子 R 的分解。利用式(3.55)，并根据三角公式形成 $\delta \boldsymbol{u} = \boldsymbol{u}^{n+1} - \boldsymbol{u}^n$ 来表示未知流场：

$$\begin{bmatrix} R & \Delta t RG \\ D & 0 \end{bmatrix} \begin{bmatrix} \delta \boldsymbol{u} \\ \delta P \end{bmatrix} = \begin{bmatrix} -\Delta t GP^n + \Delta t \nu L \boldsymbol{u}^n + \dfrac{\Delta t}{2}(3\boldsymbol{A}^n - \boldsymbol{A}^{n-1}) \\ -D\boldsymbol{u}^n \end{bmatrix} \tag{3.61}$$

通过 LU 分解，可以将上式分解为下面两个矩阵方程：

$$\begin{bmatrix} R & 0 \\ D & -\Delta t DG \end{bmatrix} \begin{bmatrix} \delta \boldsymbol{u}^* \\ \delta P^* \end{bmatrix} = \begin{bmatrix} -\Delta t GP^n + \Delta t \nu L \boldsymbol{u}^n + \dfrac{\Delta t}{2}(3\boldsymbol{A}^n - \boldsymbol{A}^{n-1}) \\ -D\boldsymbol{u}^n \end{bmatrix} \tag{3.62}$$

$$\begin{bmatrix} \boldsymbol{I} & \Delta t G \\ 0 & \boldsymbol{I} \end{bmatrix} \begin{bmatrix} \delta \boldsymbol{u} \\ \delta P \end{bmatrix} = \begin{bmatrix} \delta \boldsymbol{u}^* \\ \delta P^* \end{bmatrix} \tag{3.63}$$

式中，$\delta \boldsymbol{u}^* = \boldsymbol{u}^* - \boldsymbol{u}^n$，$\delta P^* = P^* - P^n$。式(3.62)和式(3.63)可以表示为

$$R\delta \boldsymbol{u}^* = -\Delta t GP^n + \Delta t \nu L \boldsymbol{u}^n + \dfrac{\Delta t}{2}(3\boldsymbol{A}^n - \boldsymbol{A}^{n-1}) \tag{3.64}$$

$$\boldsymbol{u}^* = \boldsymbol{u}^n + \delta \boldsymbol{u}^* \tag{3.65}$$

$$DG\delta P = \dfrac{1}{\Delta t} D\boldsymbol{u}^* \tag{3.66}$$

$$\boldsymbol{u}^{n+1} = \boldsymbol{u}^* - \Delta t G\delta P \tag{3.67}$$

$$P^{n+1} = P^n + \delta P \tag{3.68}$$

上述两个方程(3.64)和(3.65)本质上与式(3.56)等价，Dukowicz 和 Dvinsky 采用的方法中微小但重要的区别是确定速度差 $\delta \boldsymbol{u}^*$。当含有隐式算子 $R = \boldsymbol{I} - \dfrac{\Delta t}{2}\nu L$ 的方程用于每个方向上求解时，这种处理非常有用。对于 Cartesian 网格，因式分解会使得截断误差为 $O(\Delta t^2)$。即

$$\boldsymbol{I} - \dfrac{\Delta t}{2}\nu L = \left(\boldsymbol{I} - \dfrac{\Delta t}{2}\nu L_x\right)\left(\boldsymbol{I} - \dfrac{\Delta t}{2}\nu L_y\right)\left(\boldsymbol{I} - \dfrac{\Delta t}{2}\nu L_z\right) + O(\Delta t^2) \tag{3.69}$$

若用 E 表示式(3.64)的右侧，则速度场 $\delta \boldsymbol{u}^*$ 可以通过三步法来确定：

$$\left.\begin{aligned} \left(\boldsymbol{I} - \dfrac{\Delta t}{2}\nu L_x\right)\delta \boldsymbol{u}'' &= E \\ \left(\boldsymbol{I} - \dfrac{\Delta t}{2}\nu L_y\right)\delta \boldsymbol{u}' &= \delta \boldsymbol{u}'' \\ \left(\boldsymbol{I} - \dfrac{\Delta t}{2}\nu L_z\right)\delta \boldsymbol{u}^* &= \delta \boldsymbol{u}' \end{aligned}\right\} \tag{3.70}$$

上述方法可以减少大量计算。这种方法可以确保误差低于分步法,这是由于方程
(3.64)求解的是 Δt 阶的速度差,而不是速度。

3.4 压力梯度项的空间离散化

如图 3.3 所示,在使用 MAC 法求解不可压缩流动时,最好使用交错网格而非规则网格。后面会讨论交错网格的优势。本节中,主要讨论笛卡儿网格 (x,y) 上的二维流动,它可以很简单地拓展到三维。

如图 3.3(b)所示,在交错网格中,如压力变量这种标量被置于网格中心,速度矢量被定义在网格面上。对于计算程序,使用 $u_{i,j}$ 和 $v_{i,j}$ 标记而不是用 $u_{i+\frac{1}{2},j}$ 和 $v_{i,j+\frac{1}{2}}$ 标记,这是因为记号需要整数格式。当使用分数符号表示空间离散化时,如图 3.3(b)所示,需要将其翻译为不带分数索引的符号,以便于编码,如图 3.4 所示。

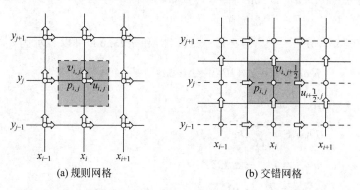

图 3.3 笛卡儿网格离散化(灰色区域对应为 (x_i,y_j) 的控制体)。

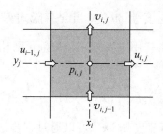

图 3.4 不使用 1/2 指数的交错网格标记

3.4.1 压力泊松方程

首先讨论在 x 和 y 空间方向上分别用 Δx 和 Δy 作为网格间距的均匀网格划分的情

况。交错网格的 SMAC 法(式(3.15))的修正步骤如下所示。对在压力 $p_{i,j}$(网格中心点)周围的 4 个分速度采用二阶精度公式表示：

$$
\left.
\begin{aligned}
u_{i-\frac{1}{2},j}^{n+1} &= u_{i-\frac{1}{2},j}^{P} - \Delta t\, \frac{-\phi_{i-1,j} + \phi_{i,j}}{\Delta x} \\
u_{i+\frac{1}{2},j}^{n+1} &= u_{i+\frac{1}{2},j}^{P} - \Delta t\, \frac{-\phi_{i,j} + \phi_{i+1,j}}{\Delta x}
\end{aligned}
\right\}
\tag{3.71}
$$

$$
\left.
\begin{aligned}
v_{i,j-\frac{1}{2}}^{n+1} &= v_{i,j-\frac{1}{2}}^{P} - \Delta t\, \frac{-\phi_{i,j-1} + \phi_{i,j}}{\Delta y} \\
v_{i,j+\frac{1}{2}}^{n+1} &= v_{i,j+\frac{1}{2}}^{P} - \Delta t\, \frac{-\phi_{i,j} + \phi_{i,j+1}}{\Delta y}
\end{aligned}
\right\}
\tag{3.72}
$$

将上述速度代入连续性方程

$$
\frac{-u_{i-\frac{1}{2},j}^{n+1} + u_{i+\frac{1}{2},j}^{n+1}}{\Delta x} + \frac{-v_{i,j-\frac{1}{2}}^{n+1} + v_{i,j+\frac{1}{2}}^{n+1}}{\Delta y} = 0
\tag{3.73}
$$

得到压力泊松方程：

$$
\begin{aligned}
&\frac{\phi_{i-1,j} - 2\phi_{i,j} + \phi_{i+1,j}}{\Delta x^2} + \frac{\phi_{i,j-1} - 2\phi_{i,j} + \phi_{i,j+1}}{\Delta y^2} \\
&= \frac{1}{\Delta t}\left(\frac{-u_{i-\frac{1}{2},j}^{P} + u_{i+\frac{1}{2},j}^{P}}{\Delta x} + \frac{-v_{i,j-\frac{1}{2}}^{P} + v_{i,j+\frac{1}{2}}^{P}}{\Delta y} \right)
\end{aligned}
\tag{3.74}
$$

式中,左侧代表下式的二阶中心差分(式(2.51))：

$$
\nabla^2 \phi = \frac{\partial^2 \phi}{\partial x^2} + \frac{\partial^2 \phi}{\partial y^2}
\tag{3.75}
$$

一般来说,不应将 $\nabla^2 \phi$ 随意离散化。任意差分可能会产生问题,如图 3.5 所示的非均匀交错网格,令第 (i,j) 个网格的间距为 Δx_i 和 Δy_i,式(3.71)和式(3.72)对应的表达式为

$$
\left.
\begin{aligned}
u_{i-\frac{1}{2},j}^{n+1} &= u_{i-\frac{1}{2},j}^{P} - \Delta t\, \frac{-\phi_{i-1,j} + \phi_{i,j}}{\widetilde{\Delta} x_{i-\frac{1}{2}}} \\
u_{i+\frac{1}{2},j}^{n+1} &= u_{i+\frac{1}{2},j}^{P} - \Delta t\, \frac{-\phi_{i,j} + \phi_{i+1,j}}{\widetilde{\Delta} x_{i+\frac{1}{2}}}
\end{aligned}
\right\}
\tag{3.76}
$$

$$
\left.
\begin{aligned}
v_{i,j-\frac{1}{2}}^{n+1} &= v_{i,j-\frac{1}{2}}^{P} - \Delta t\, \frac{-\phi_{i,j-1} + \phi_{i,j}}{\widetilde{\Delta} y_{j-\frac{1}{2}}} \\
v_{i,j+\frac{1}{2}}^{n+1} &= v_{i,j+\frac{1}{2}}^{P} - \Delta t\, \frac{-\phi_{i,j} + \phi_{i,j+1}}{\widetilde{\Delta} y_{j+\frac{1}{2}}}
\end{aligned}
\right\}
\tag{3.77}
$$

其中

$$\widetilde{\Delta} x_{i+\frac{1}{2}} = \frac{\Delta x_i + \Delta x_{i+1}}{2}, \quad \widetilde{\Delta} y_{j+\frac{1}{2}} = \frac{\Delta y_i + \Delta y_{i+1}}{2} \tag{3.78}$$

为网格中心点（中心压力点）之间的距离。将这些速度表达式代入连续性方程

$$\frac{- u^{n+1}_{i-\frac{1}{2},j} + u^{n+1}_{i+\frac{1}{2},j}}{\Delta x_i} + \frac{- v^{n+1}_{i,j-\frac{1}{2}} + v^{n+1}_{i,j+\frac{1}{2}}}{\Delta y_i} = 0 \tag{3.79}$$

得到

$$- \frac{- \phi_{i-1,j} + \phi_{i,j}}{\Delta x_i \widetilde{\Delta} x_{i-\frac{1}{2}}} + \frac{- \phi_{i,j} + \phi_{i+1,j}}{\Delta x_i \widetilde{\Delta} x_{i+\frac{1}{2}}} - \frac{- \phi_{i,j-1} + \phi_{i,j}}{\Delta y_j \widetilde{\Delta} y_{j-\frac{1}{2}}} + \frac{- \phi_{i,j} + \phi_{i,j+1}}{\Delta y_j \widetilde{\Delta} y_{j+\frac{1}{2}}}$$

$$= \frac{1}{\Delta t} \left(\frac{- u^P_{i-\frac{1}{2},j} + u^P_{i+\frac{1}{2},j}}{\Delta x_i} + \frac{- v^P_{i,j-\frac{1}{2}} + v^P_{i,j+\frac{1}{2}}}{\Delta y_j} \right) \tag{3.80}$$

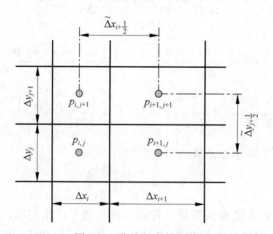

图 3.5　非均匀交错网格

　　注意到上式左侧的 $\nabla^2 \phi$ 微分与非均匀网格的二阶精度有限差分公式（2.35）不同。这意味着压力泊松方程（3.16）左侧的 ∇^2 不应该随意离散。原则上，应将离散压力梯度插入离散连续性方程得到压力泊松方程（类似于式（3.80）的推导），否则，泊松方程的数值解不满足离散控制方程。这种差异不仅出现在非均匀网格中，非正交网格以及高阶有限差分公式中也会出现。为了强调离散化兼容性的重要性，将 $\nabla^2 \phi$ 的离散形式表示为 $\delta_x (\delta_x \phi) + \delta_y (\delta_y \phi)$，而不是 $\delta_x^2 \phi + \delta_y^2 \phi$。

　　下面讨论推荐使用交错网格的原因。考虑在规则网格上离散泊松方程。图 3.6 中点 (x_j, y_j) 处的连续性方程为

$$\frac{- u^{n+1}_{i-1,j} + u^{n+1}_{i+1,j}}{2 \Delta x} + \frac{- v^{n+1}_{i,j-1} + v^{n+1}_{i,j+1}}{2 \Delta y} = 0 \tag{3.81}$$

仔细观察用于图 3.6 中动量平衡的控制体。式(3.73)按点($\pm x/2$，$\pm y/2$)封装区域执行通量平衡。另一方面,式(3.81)将两个方向双倍尺寸的点($\pm \Delta x$，$\pm \Delta y$)视为控制体的边界。由于式(3.81)表示基于控制体的离散格式,控制体与相邻网格共用一个网格面,因此不满足通量平衡。

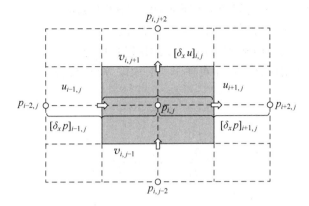

图 3.6 规则网格上的速度与压力耦合

SMAC 法的最后一步是将 ϕ 的梯度加入式(3.81)$u_{i\pm1,j}$ 和 $v_{i,j\pm1}$ 的值中:

$$\left.\begin{array}{l}u_{i-1,j}^{n+1}=u_{i-1,j}^{P}-\Delta t\,\dfrac{-\phi_{i-2,j}+\phi_{i,j}}{2\Delta x}\\[4mm]u_{i+1,j}^{n+1}=u_{i+1,j}^{P}-\Delta t\,\dfrac{-\phi_{i,j}+\phi_{i+2,j}}{2\Delta x}\end{array}\right\} \tag{3.82}$$

$$\left.\begin{array}{l}v_{i,j-1}^{n+1}=v_{i,j-1}^{P}-\Delta t\,\dfrac{-\phi_{i,j-2}+\phi_{i,j}}{2\Delta y}\\[4mm]v_{i,j+1}^{n+1}=v_{i,j+1}^{P}-\Delta t\,\dfrac{-\phi_{i,j}+\phi_{i,j+2}}{2\Delta y}\end{array}\right\} \tag{3.83}$$

将式(3.82)与式(3.83)中的速度表达式代入式(3.81)以求解 ϕ，ϕ 提供了速度修正($\nabla\phi$),使下一时间步的速度满足不可压缩性,即

$$\frac{\phi_{i-2,j}-2\phi_{i,j}+\phi_{i+2,j}}{(2\Delta x)^2}+\frac{\phi_{i,j-2}-2\phi_{i,j}+\phi_{i,j+2}}{(2\Delta y)^2}$$

$$=\frac{1}{\Delta t}\left(\frac{-u_{i-1,j}^{P}+u_{i+1,j}^{P}}{\Delta x}+\frac{-v_{i,j-1}^{P}+v_{i,j+1}^{P}}{\Delta y}\right) \tag{3.84}$$

注意式(3.84)左侧的二阶导数差分格式包含点 $\phi_{i,j}$ 每隔一点($\phi_{i\pm2,j}$，$\phi_{i,j\pm2}$)的值。

如果考虑图 3.7 所示的压力边界状态 p_0，奇数压力值与边界状态无关。如果压力梯度($\frac{\partial p}{\partial x}=[-p_{-1}+p_1]/2\Delta$)确

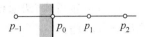

图 3.7 规则网格边界附近的
压力模板

定,那么偶数压力点会与边界条件耦合。所以奇数与偶数压力值不耦合并且每一点都强制平滑。这使得空间相邻压力解之间产生振荡。根据振荡产生的方式,这种数值的不稳定称为棋盘格不稳定。

如果在规则网格下用式(3.74)的左边代替式(3.84)的左边来控制振荡,则该式将在连续性方程和压力梯度的差分之间产生非兼容性。这种离散压力泊松方程解的使用不满足质量平衡,将会产生误差累积,最终导致计算结果恶化。

另一方面,可使用交错网格,将离散速度的位置从压力位置移动半个网格宽度来解决这个问题。总而言之,交错网格的使用可使下式有限差分离散化:

$$\frac{\partial^2 \phi}{\partial x^2} = \frac{\partial}{\partial x} \frac{\partial \phi}{\partial x} \tag{3.85}$$

有限差分格式为

$$\frac{\partial^2 \phi}{\partial x^2} = \delta_x (\delta_x \phi) \tag{3.86}$$

并且同时防止压力出现空间振荡。

3.4.2　压力泊松方程的迭代法

有很多求解椭圆型偏微分方程的方法,使椭圆方程求解器自身的发展构成了一个研究领域。本节仅讨论基本迭代方法。

首先,将式(3.80)重新写为

$$B_{y,i}^- \phi_{i,j-1} + B_{x,i}^- \phi_{i-1,j} - B_{i,j}^0 \phi_{i,j} + B_{x,i}^+ \phi_{i+1,j} + B_{y,j}^+ \phi_{i,j+1} = \psi_{i,j} \tag{3.87}$$

对应的有

$$\left. \begin{array}{l} B_{x,i}^- = 1/(\Delta x_i \widetilde{\Delta x}_{i-\frac{1}{2}}), \quad B_{x,i}^+ = 1/(\Delta x_i \widetilde{\Delta x}_{i+\frac{1}{2}}) \\[2mm] B_{y,j}^- = 1/(\Delta y_j \widetilde{\Delta y}_{j-\frac{1}{2}}), \quad B_{y,j}^+ = 1/(\Delta y_j \widetilde{\Delta y}_{j+\frac{1}{2}}) \\[2mm] B_{i,j}^0 = B_{x,i}^- + B_{x,i}^+ + B_{y,j}^- + B_{y,j}^+ \end{array} \right\} \tag{3.88}$$

ψ 代表泊松方程右侧。

用〈m〉代指迭代数。假设所有区域的初始估计值 $\phi_{i,j}^{\langle m \rangle} = 0$(尽管可以使用更好的初始估计值),这会使式(3.87)产生与预测值相关的误差。基于这种误差,可以逐渐调整解 ϕ。重复使用这个程序得到 $\phi_{i,j}^{\langle 1 \rangle}$、$\phi_{i,j}^{\langle 2 \rangle}$、$\phi_{i,j}^{\langle 3 \rangle}$、$\cdots$,并且当结果收敛时,求得式(3.87)的解。这种方法被称为迭代法(松弛法)。

Jacobi(雅可比)法通过使用上述迭代法所得的解来求解式(3.87)中的 $\phi_{i,j}$,并最终计算出方程右侧:

$$\phi_{i,j}^{\langle m+1 \rangle} = \frac{B_{y,j}^- \phi_{i,j-1}^{\langle m \rangle} + B_{x,i}^- \phi_{i-1,j}^{\langle m \rangle} + B_{x,i}^+ \phi_{i+1,j}^{\langle m \rangle} + B_{y,j}^+ \phi_{i,j+1}^{\langle m \rangle} - \psi_{i,j}}{B_{i,j}^0} \tag{3.89}$$

上式利用 $\phi_{i\pm1,j}^{\langle m\rangle}$ 和 $\phi_{i,j\pm1}^{\langle m\rangle}$ 的值得出 $\phi_{i,j}^{\langle m+1\rangle}$。上述方程也可表示为

$$\phi_{i,j}^{\langle m+1\rangle} = \phi_{i,j}^{\langle m\rangle} + \frac{E_{i,j}^{\langle m\rangle}}{B_{i,j}^{0}}, \tag{3.90}$$

式中,

$$E_{i,j}^{\langle m\rangle} = B_{y,j}^{-}\phi_{i,j-1}^{\langle m\rangle} + B_{x,i}^{-}\phi_{i-1,j}^{\langle m\rangle} - B_{i,j}^{0}\phi_{i,j}^{\langle m\rangle} +$$
$$B_{x,i}^{+}\phi_{i+1,j}^{\langle m\rangle} + B_{y,j}^{+}\phi_{i,j+1}^{\langle m\rangle} - \psi_{i,j} \tag{3.91}$$

其中 $E_{i,j}^{\langle m\rangle}$ 代表第 m 次迭代(满足式(3.87))后的迭代求解器的残差。因此,可以将式(3.90) 视为下式的有限差分近似:

$$\phi_{i,j}^{\langle m+1\rangle} = \phi_{i,j}^{\langle m\rangle} + \frac{1}{B_{i,j}^{0}}(\nabla^2\phi_{i,j} - \psi_{i,j})^{\langle m\rangle} \tag{3.92}$$

当迭代解满足 $\phi_{i,j}^{\langle m+1\rangle} = \phi_{i,j}^{\langle m\rangle}$ 时,$E_{i,j}^{\langle m\rangle} = 0$ 项变为 0 且式(3.91)已经解出。从牛顿迭代法的角度来检验雅可比迭代法。修正 $\phi_{i\pm1,j}^{\langle m\rangle}$ 及 $\phi_{i,j\pm1}^{\langle m\rangle}$,并将 $E_{i,j}$ 视为 $\phi_{i,j}$ 的函数。将下式近似:

$$E_{i,j}^{\langle m+1\rangle} - E_{i,j}^{\langle m\rangle} = \frac{\partial E_{i,j}}{\partial\phi_{i,j}}(\phi_{i,j}^{\langle m+1\rangle} - \phi_{i,j}^{\langle m\rangle}) \tag{3.93}$$

对于上式,为得到 $\phi_{i,j}^{\langle m+1\rangle} = \phi_{i,j}^{\langle m\rangle}$,应用以下方法改变 $\phi_{i,j}$:

$$\phi_{i,j}^{\langle m+1\rangle} = \phi_{i,j}^{\langle m\rangle} - \frac{\partial E_{i,j}^{\langle m\rangle}}{\partial E_{i,j}/\partial\phi_{i,j}} \tag{3.94}$$

由于 $\dfrac{\partial E_{i,j}}{\partial\phi_{i,j}} = -B_{i,j}^{0}$,注意到式(3.94)与式(3.90)等价。一旦确定 $\phi_{i,j}$ 满足 $E_{i,j} = 0$,就移动到下一个点 $\phi_{i+1,j}$ 使 $E_{i+1,j} = 0$,之后 $E_{i,j}$ 偏移至 0。因此,必须重复调整所有值至所有点的误差达到 0。

如果将 $1/B_{i,j}^{0}$ 视为人工时间步 $\Delta\tau$,则式(3.92)可认为是下式的近似:

$$\frac{\partial\phi}{\partial\tau} = \nabla^2\phi - \psi \tag{3.95}$$

式中,τ 为虚拟时间。这意味着迭代法将一个时间变化项添加进泊松方程,并将椭圆偏微分方程添加进抛物线型偏微分方程。收敛解(相对于虚拟时间 τ 的稳态解)成为初始椭圆偏微分方程的解。

下面是式(3.90)的一个简单程序:

```
DO J = 1,NY
  DO I = 1,NX
    R(I,J) = BYM(J) * P(I,J-1) + BXM(I) * P(I-1,J) &
           - BO(I,J) * P(I,J) &
           + BXP(I) * P(I+1,J) + BYP(J) * P(I,J+1) &
           - Q(I,J)
```

```
         END DO
       END DO
    DO J = 1,NY
      DO I = 1,NX
          P(I,J) = P(I,J) + R(I,J)/B0(I,J)
      END DO
    END DO
```

在上述程序片段中,残差被储存在第一个循环 R 中,而 P($=\phi$)在第二个循环中求解。假设将两个循环相结合并用以下方式对上述程序进行修改:

```
    DO J = 1,NY
      DO I = 1,NX
          P(I,J) = P(I,J) &
              + (BYM(J) * P(I,J-1) + BXM(I) * P(I-1,J) &
              - B0(I,J) * P(I,J) &
              + BXP(I) * P(I+1,J) + BYP(J) * P(I,J+1) & - Q(I,J) ) / B0(I,J)
      END DO
    END DO
```

当时间 P(I,J)计算出之后,P(I-1,J)和 P(I,J-1)也同时得出。这种计算方法收敛速度快,编程简单,占用内存小,称为 Gauss-Seidel 法,可以表示为

$$\phi_{i,j}^{\langle m+1 \rangle} = \phi_{i,j}^{\langle m \rangle} + \frac{E_{i,j}^{\langle m * \rangle}}{B_{i,j}^0} \tag{3.96}$$

式中

$$E_{i,j}^{\langle m * \rangle} = B_{y,j}^- \phi_{i,j-1}^{\langle m+1 \rangle} + B_{x,i}^- \phi_{i-1,j}^{\langle m+1 \rangle} - B_{i,j}^0 \phi_{i,j}^{\langle m \rangle} + B_{x,i}^+ \phi_{i+1,j}^{\langle m \rangle} +$$
$$B_{y,j}^+ \phi_{i,j+1}^{\langle m \rangle} - \psi_{i,j} \tag{3.97}$$

当残差项 $E_{i,j}$ 与 $\psi_{i,j}$ 的范数相比足够小时,可将解 ϕ 视为是收敛的。假设第 m 次与第($m+1$)次迭代的解差别较小,可以用 $E_{i,j}^{\langle m * \rangle}$ 的范数来评估收敛性。

还有广为人知的逐次超松弛(successive over relaxation,SOR)法,它使用松弛参数 $\beta(1 < \beta < 2)$进行迭代,即

$$\phi_{i,j}^{\langle m+1 \rangle} = \phi_{i,j}^{\langle m \rangle} + \beta + \frac{E_{i,j}^{\langle m * \rangle}}{B_{i,j}^0} \tag{3.98}$$

β 的最佳值与问题有关,但是一般在 1.5～1.7 之间。

尽管收敛速度取决于网格的均匀性以及边界条件的类型,但之前提到的方法能收敛于正确解。如果收敛速度极慢,可以考虑其他求解器。当基于 ϕ 的更新速度 $\boldsymbol{u}^{n+1}$ 不满足连续性方程时,即使达到收敛,还是应重新考虑压力泊松方程的有限差分格式。应确保边界条件被正确地施加进去,同时将压力梯度的有限差分格式插入到离散的连续方程中。也就是说必须确定离散格式是否是相容的。

1. 收敛准则

当 $\|\phi^{\langle m+1\rangle}-\phi^{\langle m\rangle}\|$ 的值比 $\|\phi^{\langle m+1\rangle}\|$ 小几个数量级时,可以认为式(3.89)的解是收敛的,这种情况下可以终止迭代。因此收敛标准可以设为

$$\frac{\|\phi^{\langle m+1\rangle}-\phi^{\langle m\rangle}\|}{\|\phi^{\langle m+1\rangle}\|}<\varepsilon' \tag{3.99}$$

式中

$$\|f\|=\left[\frac{1}{N}\sum_{i=1}^{N}f_i^2\right]^{1/2} \tag{3.100}$$

为式(3.100)的范数(称为 L_2 范数)。在式(3.99)中,收敛标准 ε' 可以根据问题设为适当的值,如 10^{-2} 或 10^{-5}。如果 $\|\phi^{\langle m+1\rangle}\|$ 的值为 0 或者非常小,那么应避免规范化。这种情况下,可用非规范化差值 $\|\phi^{\langle m+1\rangle}-\phi^{\langle m\rangle}\|$ 来检验收敛性。

根据式(3.99)描述的标准,式(3.87)遗留的误差并不明显。因此可以使用其他标准,所选标准在剩余 $\|E\|=\|\nabla^2\phi-\psi\|$ 比泊松方程右侧的 $\|\psi\|$ 小几个数量级时终止迭代,即

$$\frac{\|E\|}{\|\psi\|}<\varepsilon \tag{3.101}$$

一般而言,ε 没有标准值,但是当 $\nabla\cdot u$ 比 $|u|\Delta$(Δ 为网格尺寸)小几个数量级时,可以认为解是收敛的。如果流动是稳定的,则式(3.99)和式(3.101)的分母会变小。而且,由于均匀性和边界条件会影响收敛速度,建议在求解器中限制迭代次数。

当所研究的流动对误差不敏感时,MAC 法可忽略压力方程中的残差。如果 MAC 法使用正确,则 $\nabla\cdot u$ 的误差不会累积,因为解中的误差已经被排除了,不需要对解进行过多迭代来实现稳定的时间推进。然而,当所研究的流动对扰动敏感时,比如在湍流中,则需要收敛到高精度。

所有的计算机都会有舍入误差,这种误差称为机械收敛。很少出现强迫解与机械收敛的结果相一致的情况。残差大于单精度舍入误差并不意味着单精度计算更快。双精度计算通常有更快的收敛速度。

2. 编程说明

注意,之前提到的程序使用 P(I,J−1)、P(I−1,J)、P(I,J)、P(I+1,J)、P(I,J+1)来评估残差。

这种排序用于一些存储或排序数组(以行为主)的程序语言,如 FORTRAN。对于一些按行排列的程序语言,如 C/C++,评估上述残差沿行排列。如果反转,则在参考数据 P(I,J)之后,指针到达存储器的末尾并返回到存储器的前面,然后调用 P(I−1,J)。这会增加内存访问时间。有些编程人员可以判断这些问题并且修正编辑顺序。但是在编程中需要注意这些问题。

本书中,按索引增加顺序(以存储器存储的顺序)使用($u_{i+1/2,j} - u_{i-1/2,j}$)而不是用($-u_{i-\frac{1}{2},j} + u_{i+1/2,j}$)来表示差分。应该以这种方式表达差分公式,而不仅在程序中按照这样的顺序执行它们。

出于同样的原因,不能以如下方式编写 DO 循环:

```
DO I = 1,NX
    DO J = 1,NY
        P(I,J) = ...
    END DO
END DO
```

而应该用下面的方式:

```
DO J = 1,NY
    DO I = 1,NX
        P(I,J) = ...
    END DO
END DO
```

在外部使用 DO 循环会更快地接近主要数据的存储位置,如 FORTRAN。对于行主数据结构(如 C/C++),DO 循环的顺序需要颠倒。

SOR 法在计算出 $\phi_{i-1,j}^{\langle m+1 \rangle}$ 并将其存储在内存中之前是无法计算 $\phi_{i,j}^{\langle m+1 \rangle}$ 的。由于递归引用,目前的算法不适用于向量处理器。为了对算法进行矢量化,最内层循环可以分为奇数索引与偶数索引。

```
DO J = 1,NY
    DO L = 1,2
    DO I = L,NX,2
        P(I,J) = P(I,J) + BETA * &
            (BYM(J) * P(I,J-1) + BXM(I) * P(I-1,J)& - B0(I,J) * P(I,J)&
            + BXP(I) * P(I+1,J) + BYP(J) * P(I,J+1)& - Q(I,J))/B0(I,J)
        END DO
    END DO
END DO
```

因为上述程序计算结果指标 I−1 基于一个单独循环指数 I,所以不会导致递归引用。在某些情况下,强制向量指令是必要的。一些复合方法对矢量化计算更有效。

3. 快速求解 FFT 法

当假设变量至少在一个方向具有周期性时,使用快速傅里叶变换(FFT)可以实现有效的求解算法。这里需要一个在该周期方向上具有均匀网格的正交坐标系。如果压力场在 x 和 y 方向上是呈周期变化的,则使用二维 FFT。利用二阶中心差分离散压力泊松方程(3.74),可以写为

$$- \left[\frac{2(1 - \cos k_x \Delta x)}{\Delta x^2} + \frac{2(1 - \cos k_y \Delta y)}{\Delta y^2} \right] \widetilde{\phi}(k_x, k_y) = \widetilde{\psi}(k_x, k_y) \tag{3.102}$$

对于波数 k_x 和 k_y，变量 ψ 表示式(3.74)的右侧。对于所有的波数，在傅里叶空间中求解式(3.102)是简单的代数运算(除法)。需要对右侧进行傅里叶变换来得到 $\widetilde{\psi}$，用式(3.102)来求解 $\widetilde{\phi}$，并进行逆变换来求解 ϕ。注意，必须谨慎处理波数组合 $k_x = k_y = 0$。该算法要求正向和逆向地离散傅里叶变换，但可以比迭代方案更有效地将误差水平降到 ε。

即使周期性仅适用于其中的一个方向(例如 x)，FFT 算法也有效。在周期 x 方向执行傅里叶变换，发现

$$\frac{\widetilde{\phi} k_{x,j-1}}{\Delta y^2} - \left[\frac{2(1 - \cos k_x \Delta x)}{\Delta x^2} + \frac{2}{\Delta y^2} \right] \widetilde{\phi} k_{x,j} + \frac{\widetilde{\phi} k_{x,j+1}}{\Delta y^2} = \widetilde{\psi}(k_x, j) \tag{3.103}$$

在这种情况下，最终可得到 y 方向上通常的有限差分法(下标 j)。虽然可以使用迭代求解器，但由于方程简化成了三对角矩阵，所以可以直接求解该方程。

对于高阶有限差分法，有限差分模板在实际空间中变得更适用，但会增加计算量。而使用离散傅里叶变换，可以在有效波数改变时保持计算量不变。虽然上述方法对于具有周期性的情况是受限制的，但是 FFT 的使用对简化有限差分计算并加速计算仍有意义。

有些方法可以进一步加速计算。如果不过分强调效率并为了尽量简化程序，SOR 法可适用于大部分程序。但由于 SOR 法在迭代时需要递归引用，所以必须谨慎处理计算时间和内存访问量减少之间的平衡。其他加速收敛的方法还有双偶联梯度稳定(Bi-CGSTAB)方法[15]和 residual cutting 方法[16]。

3.4.3 HSMAC 法的迭代法

本节讨论 HSMAC 法的迭代法。在上述对泊松方程的讨论中式(3.76)与式(3.77)使用了点 (i,j) 附近的 4 个速度分量，这需要 $(\phi_{i,j}, \phi_{i\pm1,j}, \phi_{i,j\pm1})$ 5 个标量值。这里考虑仅使用点 (i,j)，有

$$\hat{u}_{i-\frac{1}{2},j} = u^P_{i-\frac{1}{2},j} - \Delta t \frac{\varphi_{i,j}}{\widetilde{\Delta x}_{i-\frac{1}{2}}}, \quad \hat{u}_{i+\frac{1}{2},j} = u^P_{i+\frac{1}{2},j} + \Delta t \frac{\varphi_{i,j}}{\widetilde{\Delta x}_{i+\frac{1}{2}}} \tag{3.104}$$

$$\hat{v}_{i,j-\frac{1}{2}} = v^P_{i,j-\frac{1}{2}} - \Delta t \frac{\varphi_{i,j}}{\widetilde{\Delta y}_{j-\frac{1}{2}}}, \quad \hat{v}_{i,j+\frac{1}{2}} = v^P_{i,j+\frac{1}{2}} + \Delta t \frac{\varphi_{i,j}}{\widetilde{\Delta y}_{j+\frac{1}{2}}} \tag{3.105}$$

由于这些程序基于式(3.76)与式(3.77)，因此利用 $\hat{u}$ 和 $\hat{v}$ 分别代替 u^{n+1} 和 v^{n+1}。由于 ϕ 被这些速度值改变了，这使得改用 ϕ 表示标量变量。与式(3.76)相似，连续性方程可以表示为

$$\frac{-\hat{u}_{i-\frac{1}{2},j} + \hat{u}_{i+\frac{1}{2},j}}{\Delta x_i} + \frac{-\hat{v}_{i,j-\frac{1}{2}} + \hat{v}_{i,j+\frac{1}{2}}}{\Delta y_j} = 0 \tag{3.106}$$

这使得

$$\varphi_{i,j} = -\frac{1}{\Delta t B_{i,j}^0}\left(\frac{-u_{i-\frac{1}{2},j}^P + u_{i+\frac{1}{2},j}^P}{\Delta x_i} + \frac{-v_{i,j-\frac{1}{2}}^P + v_{i,j+\frac{1}{2}}^P}{\Delta y_j}\right) \tag{3.107}$$

可以使用上述方程构造迭代格式。首先,设 $\hat{u}^{(0)} = u^P$, $\hat{v}^{(0)} = v^P$, $\hat{P}^{(0)} = P^n$。通过下面的迭代求解:

$$\varphi_{i,j}^{\langle m+1\rangle} = -\frac{\beta}{\Delta t B_{i,j}^0}\left(\frac{-\hat{u}_{i-\frac{1}{2},j}^{\langle m+\frac{1}{2}\rangle} + \hat{u}_{i+\frac{1}{2},j}^{\langle m\rangle}}{\Delta x_i} + \frac{-\hat{v}_{i,j-\frac{1}{2}}^{\langle m+\frac{1}{2}\rangle} + \hat{v}_{i,j+\frac{1}{2}}^{\langle m\rangle}}{\Delta y_i}\right) \tag{3.108}$$

$$\hat{u}_{i-\frac{1}{2},j}^{\langle m+1\rangle} = \hat{u}_{i-\frac{1}{2},j}^{\langle m+\frac{1}{2}\rangle} - \Delta t\frac{\varphi_{i,j}^{\langle m+1\rangle}}{\widetilde{\Delta x}_{i-\frac{1}{2}}}, \quad \hat{u}_{i+\frac{1}{2},j}^{\langle m+\frac{1}{2}\rangle} = \hat{u}_{i+\frac{1}{2},j}^{\langle m\rangle} + \Delta t\frac{\varphi_{i,j}^{\langle m+1\rangle}}{\widetilde{\Delta x}_{i+\frac{1}{2}}} \tag{3.109}$$

$$\hat{v}_{i,j-\frac{1}{2}}^{\langle m+1\rangle} = \hat{v}_{i,j-\frac{1}{2}}^{\langle m+\frac{1}{2}\rangle} - \Delta t\frac{\varphi_{i,j}^{\langle m+1\rangle}}{\widetilde{\Delta y}_{i-\frac{1}{2}}}, \quad \hat{v}_{i,j+\frac{1}{2}}^{\langle m+\frac{1}{2}\rangle} = \hat{u}_{i,j+\frac{1}{2}}^{\langle m\rangle} + \Delta t\frac{\varphi_{i,j}^{\langle m+1\rangle}}{\widetilde{\Delta y}_{j+\frac{1}{2}}} \tag{3.110}$$

$$\hat{P}_{i,j}^{\langle m+1\rangle} = \hat{P}_{i,j}^{\langle m\rangle} + \varphi_{i,j}^{\langle m+1\rangle} \tag{3.111}$$

式中,$m = 0, 1, 2, \cdots$。参数 β 为过松弛系数,与 SOR 法中出现的相似。当上述迭代格式收敛时,解变为下一时间步的速度与压力值。因此,设 $u^{n+1} = \hat{u}$, $v^{n+1} = \hat{v}$, $P^{n+1} = \hat{P}$。这种方法称为 HSMAC 法。

对于式 (3.108)~式(3.111),注意到,随着算法在迭代数 m 和 $(m+1)$ 之间经过 i 和 j 的步长,速度值变化两次。比如对于 $\hat{u}_{i+\frac{1}{2},j}$ 以及 $\hat{v}_{i,j+\frac{1}{2}}$,有

$$\hat{u}_{i+\frac{1}{2},j}^{\langle m+1\rangle} = \hat{u}_{i+\frac{1}{2},j}^{\langle m+\frac{1}{2}\rangle} - \Delta t\frac{\varphi_{i+1,j}^{\langle m+1\rangle}}{\widetilde{\Delta x}_{i+\frac{1}{2}}} = \hat{u}_{i+\frac{1}{2},j}^{\langle m\rangle} - \Delta t\frac{-\varphi_{i,j}^{\langle m+1\rangle} + \varphi_{i+1,j}^{\langle m+1\rangle}}{\widetilde{\Delta x}_{i+\frac{1}{2}}} \tag{3.112}$$

$$\hat{v}_{i,j+\frac{1}{2}}^{\langle m+1\rangle} = \hat{v}_{i,j+\frac{1}{2},j}^{\langle m+\frac{1}{2}\rangle} - \Delta t\frac{\varphi_{i,j+1}^{\langle m+1\rangle}}{\widetilde{\Delta y}_{j+\frac{1}{2}}} = \hat{v}_{i,j+\frac{1}{2}}^{\langle m\rangle} - \Delta t\frac{-\varphi_{i,j}^{\langle m+1\rangle} + \varphi_{i,j+1}^{\langle m+1\rangle}}{\widetilde{\Delta y}_{j+\frac{1}{2}}} \tag{3.113}$$

由式(3.111)~式(3.113)可知,SMAC 法中的变量 $\phi (= P^{n+1} - P^n)$ 和 HSMAC 法中的变量 φ 可通过下式联系起来:

$$\phi = \sum_m \varphi^{\langle m\rangle} \tag{3.114}$$

假设正确应用了边界条件(后面会讨论),SMAC 法与 HSMAC 法原则上是等价的。两者在收敛过程上可能不同,这取决于速度场是否同时松弛。

3.5 对流项的空间离散化

利用交错网格离散压力泊松方程可以实现质量守恒且避免虚假压力振荡。这是 MAC 法的中心思想，也是不可压缩 N-S 方程稳定时间推进的基础。动量方程对流项的离散化也会影响计算的准确性和稳定性。对流项的离散化同样与能量守恒联系紧密。

如同 1.3.5 节中讨论的，不可压缩流动的内能和动能是解耦的。动能守恒方程由动量方程推导出。换言之，动能需要被隐式处理且同时满足质量和动量守恒。当不满足动能守恒时，模拟流动物理学可能被过度阻尼或者发散。

3.5.1 相容性和守恒

在 1.3.3 节中给出了动量方程的两种非线性对流项。考虑不可压缩 N-S 方程的对流项。动量方程的非线性项 $\nabla \cdot (uu)$ 称为散度形式，该形式也可以表示为 $u \cdot \nabla u$，这里利用了不可压缩性 $\nabla u = 0$。此项后面的形式称为梯度（对流）形式。梯度形式与散度形式也分别称为保守形式与非保守形式。这样的命名可能会产生误解，原因如下。

在二维笛卡儿坐标系中，散度形式为

$$\frac{\partial(u^2)}{\partial x} + \frac{\partial(uv)}{\partial y}, \quad \frac{\partial(uv)}{\partial x} + \frac{\partial(v^2)}{\partial y} \tag{3.115}$$

梯度形式为

$$u\frac{\partial(u)}{\partial x} + v\frac{\partial(u)}{\partial y}, \quad u\frac{\partial(v)}{\partial x} + v\frac{\partial(v)}{\partial y} \tag{3.116}$$

尽管这两种形式在使用连续性方程时是等价的，但它们往往产生不同的数值解。这意味着与式(2.1)中的导数关系在离散水平上并不成立。下文用有限差分近似的例子研究这个悖论。

1. 散度形式的有限差分近似

对于散度形式的第一种表示（式(3.115)），考虑对均匀网格 $u_{i+\frac{1}{2},j}$ 处进行有限差分近似：

$$\left[(u^2)_x + (uv)_y\right]_{i+\frac{1}{2},j} = \frac{1}{\Delta x}\left[-\left(\frac{u_{i-\frac{1}{2},j} + u_{i+\frac{1}{2},j}}{2}\right)^2 + \left(\frac{u_{i+\frac{1}{2},j} + u_{i+\frac{3}{2},j}}{2}\right)^2\right]$$

$$= \frac{1}{\Delta y}\left[-\frac{v_{i,j-\frac{1}{2}} + v_{i+1,j-\frac{1}{2}}}{2}\frac{u_{i+\frac{1}{2},j-1} + u_{i+\frac{1}{2},j}}{2} + \right.$$

$$\left. \frac{v_{i,j+\frac{1}{2}} + v_{i+1,j+\frac{1}{2}}}{2} \frac{u_{i+\frac{1}{2},j} + u_{i+\frac{1}{2},j+1}}{2} \right] \tag{3.117}$$

对于式(3.115)的第二项,在 $v_{i,j+\frac{1}{2}}$ 处位置有

$$\left[(uv)_x + (v^2)_y \right]_{i,j+\frac{1}{2}} = \frac{1}{\Delta x} \left[- \frac{u_{i-\frac{1}{2},j} + u_{i+\frac{1}{2},j}}{2} \frac{v_{i-1,j+\frac{1}{2}} + v_{i,j+\frac{1}{2}}}{2} + \right.$$

$$\left. \frac{u_{i+\frac{1}{2},j} + u_{i+\frac{1}{2},j+1}}{2} \frac{v_{i,j+\frac{1}{2}} + v_{i+1,j+\frac{1}{2}}}{2} \right] \tag{3.118}$$

式(3.117)和式(3.118)中,从相邻的两个点间插入待微分的乘积,并使用各个 x 或 y 方向上的半网格点的值来区分这些内插值,求得散度形式的近似。可以分别用 δ_x 和 $-x$ 表示 $\pm \frac{1}{2}$ 模板上的差分和插值运算。这些操作符中的下标和上标表示上述操作的执行方向。则有

$$\left[(u^2)_x + (uv)_y \right]_{i,j+\frac{1}{2}} = \left[\delta_x (\bar{u}^x \bar{u}^x) + \delta_y (\bar{v}^x \bar{u}^y) \right]_{i+\frac{1}{2},j} \tag{3.119}$$

$$\left[(uv)_x + (v^2)_y \right]_{i,j+\frac{1}{2}} = \left[\delta_x (\bar{v}^y \bar{u}^x) + \delta_y (\bar{v}^y \hat{v}^y) \right]_{i,j+\frac{1}{2}} \tag{3.120}$$

相应地,式(3.117)和式(3.118)可以分别表示为式(3.119)和式(3.120)的速记方式。另一方面,如图3.8(b)所示,如果在两个网格点间使用差分,则需要分别定义在 u 和 v 位置上的 v 和 u 的值。这需要从4个点进行二维差值以求得 $\bar{v}^{xy}$ 和 $\bar{u}^{xy}$。这种情况下,得到

$$\left[(u^2)_x + (uv)_y \right]_{i+\frac{1}{2},j} = \left[\delta'_x (uu) + \delta'_y (\bar{v}^{xy} u) \right]_{i+\frac{1}{2},j} \tag{3.121}$$

$$\left[(uv)_x + (v^2)_y \right]_{i,j+\frac{1}{2}} = \left[\delta'_x (\bar{u}^{xy} v) + \delta'_y (vv) \right]_{i,j+\frac{1}{2}} \tag{3.122}$$

式(3.121)和式(3.122)由 ± 1 个网格点上的模板 δ' 描述。该差分方法根据空间方向而产生不同的精度,而不是独立于空间方向。

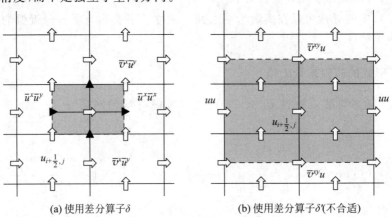

(a) 使用差分算子 δ (b) 使用差分算子 δ'(不合适)

图 3.8 $\left(i+\frac{1}{2},j \right)$ 处二阶精度中心差分格式以及散度项(保守项) $\left[\partial (u^2)/\partial x + \partial (uv)/\partial y \right]_{i+\frac{1}{2},j}$ 的控制体

从有限体积方法框架中的动量平衡的角度来看待上面所讨论的两个不同模板。如图 3.8 所示,式(3.119)和式(3.120)在($\pm\Delta x/2, \pm\Delta y/2$)区域内平衡动量通量。式(3.121)和式(3.122)描述的离散化在($\pm\Delta x, \pm\Delta y$)的区域内平衡动量通量。后面离散化的问题是,即使各点彼此不相邻,也会出现重叠模板。

2. 梯度形式有限差分逼近

根据图 3.9,在式(3.116)中对 $u_{i+\frac{1}{2},j}$ 的梯度(对流)形式进行离散化。当 δ' 大于 ± 1 时模板,$u_{i+\frac{1}{2}}$ 位置上的不同公式为(见图 3.9(b))

$$[uu_x + vu_y]_{i+\frac{1}{2},j} = u_{i+\frac{1}{2},j} \frac{-u_{i-\frac{1}{2},j} + u_{i+\frac{1}{2},j}}{2\Delta x} + \frac{v_{i,j-\frac{1}{2}} + v_{i+1,j-\frac{1}{2}} + v_{i,j+\frac{1}{2}} + v_{i+1,j+\frac{1}{2}}}{4} \times$$
$$\frac{-u_{i+\frac{1}{2},j-1} + u_{i+\frac{1}{2},j+1}}{2\Delta y}$$

$$(3.123)$$

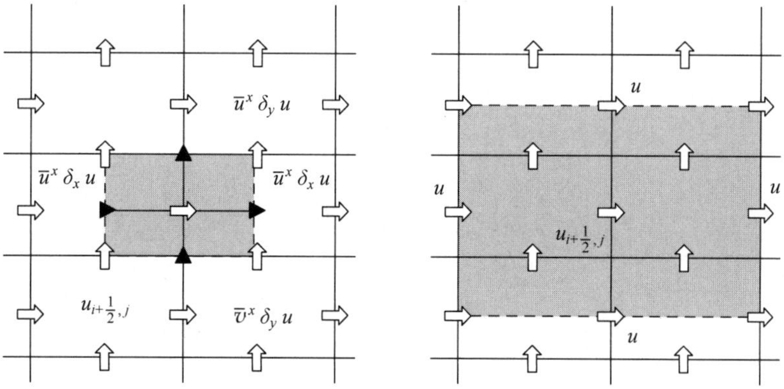

(a) 使用差分算子 δ (b) 使用差分算子 δ'

图 3.9 $\left(i+\frac{1}{2},j\right)$ 处二阶精度中心差分格式及其 $[u\partial u/\partial u + v\partial u/\partial y]_{i+\frac{1}{2},j}$ 梯度形式的控制体

类似地,在 $v_{i,j+\frac{1}{2}}$ 位置处对流项梯度形式的离散化产生

$$[uv_x + vv_y]_{i,j+\frac{1}{2}} = \frac{u_{i-\frac{1}{2},j} + u_{i+1,j} + u_{i-\frac{1}{2},j+1} + u_{i+\frac{1}{2},j+1}}{4} \times$$
$$\frac{-v_{i-1,j+\frac{1}{2}} + v_{i+1,j+\frac{1}{2}}}{2\Delta x} + u_{i,j+\frac{1}{2}} \frac{-u_{i,j-\frac{1}{2}} + u_{i,j+\frac{3}{2}}}{2\Delta x}$$

$$(3.124)$$

这里,利用二维插值 $\bar{v}^{xy}$ 和 $\bar{u}^{xy}$ 分别求网格中 u 和 v 处的 v 和 u 的值,注意到用 δ 进行差分而不是 δ'。式(3.123)和式(3.124)可以分别表示为

$$[uu_x + vu_y]_{i+\frac{1}{2},j} = [u\delta'_x u + \bar{v}^{xy}\delta'_y u]_{i+\frac{1}{2},j} \tag{3.125}$$

$$[uv_x + vv_y]_{i,j+\frac{1}{2}} = [\bar{u}^{xy}\delta'_x v + v\delta'_y v]_{i,j+\frac{1}{2}} \tag{3.126}$$

如果使用 u、v、$\bar{u}^{xy}$ 以及 $\bar{v}^{xy}$，那么空间精度与方向有关，因此不应选用离散格式。这与散度形式的式(3.121)与式(3.122)不合适的原因相同。尽管大多数 MAC 法都为散度形式，但如果用简单的方法将梯度形式离散，那么式(3.123)和式(3.124)也可被推导出。一些早期文献使用了这些离散化。应注意的是，这些差分形式与式(3.117)和式(3.118)不同，而且会导致较大的动量守恒误差。

对于梯度形式，应该使用下式作为有限差分近似：

$$
\begin{aligned}
[uu_x + vu_y]_{i+\frac{1}{2},j} = & \frac{1}{2}\left(\frac{u_{i-\frac{1}{2},j} + u_{i+\frac{1}{2},j}}{4} \frac{-u_{i-\frac{1}{2},j} + u_{i+\frac{1}{2},j}}{\Delta x} + \right. \\
& \left. \frac{u_{i+\frac{1}{2},j} + u_{i+\frac{3}{2},j}}{2} \frac{-u_{i+\frac{1}{2},j} + u_{i+\frac{3}{2},j}}{\Delta x} \right) + \\
& \frac{1}{2}\left(\frac{v_{i,j-\frac{1}{2}} + v_{i+1,j-\frac{1}{2}}}{2} \frac{-u_{i+\frac{1}{2},j-1} + u_{i+\frac{1}{2},j}}{\Delta y} + \right. \\
& \left. \frac{v_{i,j+\frac{1}{2}} + v_{i+1,j+\frac{1}{2}}}{2} \frac{-u_{i+\frac{1}{2},j} + u_{i+\frac{1}{2},j+1}}{\Delta y} \right)
\end{aligned}
\tag{3.127}
$$

$$
\begin{aligned}
[uv_x + vv_y]_{i,j+\frac{1}{2}} = & \frac{1}{2}\left(\frac{u_{i-\frac{1}{2},j} + u_{i-\frac{1}{2},j+1}}{2} \frac{-v_{i-1,j+\frac{1}{2}} + v_{i,j+\frac{1}{2}}}{\Delta x} + \right. \\
& \left. \frac{u_{i+\frac{1}{2},j} + u_{i+\frac{1}{2},j+1}}{2} \frac{-v_{i,j+\frac{1}{2}} + v_{i+1,j+\frac{3}{2}}}{\Delta x} \right) + \\
& \frac{1}{2}\left(\frac{v_{i,j-\frac{1}{2}} + v_{i,j+\frac{1}{2}}}{2} \frac{-v_{i,j-\frac{1}{2}} + v_{i,j+\frac{1}{2}}}{\Delta y} + \right. \\
& \left. \frac{v_{i,j+\frac{1}{2}} + v_{i,j+\frac{3}{2}}}{2} \frac{-v_{i,j+\frac{1}{2}} + v_{i,j+\frac{3}{2}}}{\Delta y} \right)
\end{aligned}
\tag{3.128}
$$

对式(3.127)，在每个对流方向速度矢量位置上的网格单元一半的位置进行有限差分，然后在 $u_{i+\frac{1}{2},j}$ 的位置进行插值，如图 3.9(a)所示。因此，将这种方法称为对流插值法。使用简化符号，将这些方程重新写为

$$[uu_x + vu_y]_{i+\frac{1}{2},j} = [\overline{\bar{u}^x \delta_x u^x} + \overline{\bar{v}^x \delta_y u^y}]_{i+\frac{1}{2},j} \tag{3.129}$$

$$[uv_x + vv_y]_{i,j+\frac{1}{2}} = [\overline{\bar{u}^y \delta_x v^x} + \overline{\bar{v}^y \delta_y v^y}]_{i,j+\frac{1}{2}} \tag{3.130}$$

注意到对 x 和 y 方向上的各项要用相同方式处理。

3. 相容性和动量守恒

式(3.117)与式(3.127)的差为

$$\frac{u_{i+\frac{1}{2},j}}{2}\left[\left(\frac{-u_{i-\frac{1}{2},j}+u_{i+\frac{1}{2},j}}{\Delta x}+\frac{-v_{i-\frac{1}{2},j}+v_{i,j+\frac{1}{2}}}{\Delta y}\right)+\left(\frac{-u_{i+\frac{1}{2},j}+u_{i+\frac{3}{2},j}}{\Delta x}+\frac{-v_{i+\frac{1}{2},j-\frac{1}{2}}+v_{i+1,j+\frac{1}{2}}}{\Delta y}\right)\right]$$

$$(3.131)$$

通过

$$\overline{\left[\delta_x u+\delta_y v^x\right]}_{i+\frac{1}{2},j}=\frac{\left[\delta_x u+\delta_y v\right]_{i,j}+\left[\delta_x u+\delta_y v\right]_{i+1,j}}{2} \qquad (3.132)$$

可以将式(3.131)简化为 $\left[u\overline{(\delta_x u+\delta_y v)^x}\right]_{i+\frac{1}{2},j}$。相似地,式(3.118)和式(3.128)的差为 $\overline{\left[v(\delta_x u+\delta_y v)^y\right]}_{i,j+\frac{1}{2}}$。以合适方法进行离散化,可以观察到即使对于梯度形式,动量守恒也与质量守恒保持在相同水平(注意 $\delta_x u+\delta_y v$ 的值是守恒质量的数值误差)。因此,梯度形式和散度形式具有兼容性和动量守恒性。因此,将梯度形式称为非保守形式是错误的。

4. 动能守恒

考虑如下对流散度形式:

$$\left.\begin{array}{l}\left[\delta_x\left(\overline{u}^x\frac{\widetilde{u^2}^x}{2}\right)+\delta_y\left(\overline{v}^x\frac{\widetilde{u^2}^y}{2}\right)\right]_{i+\frac{1}{2},j}\\[3mm]\left[\delta_x\left(\overline{u}^y\frac{\widetilde{v^2}^x}{2}\right)+\delta_y\left(\overline{v}^y\frac{\widetilde{v^2}^y}{2}\right)\right]_{i,j+\frac{1}{2}}\end{array}\right\} \qquad (3.133)$$

定义在速度为 $u_{i+\frac{1}{2},j}$ 和 $v_{i,j+\frac{1}{2}}$ 的位置,变量 $\widetilde{u^2}$ 和 $\widetilde{v^2}$ 为

$$\widetilde{u^2}^x_{i,j}=u_{i-\frac{1}{2},j}u_{i+\frac{1}{2},j},\qquad \widetilde{v^2}^y_{i,j}=v_{i,j-\frac{1}{2}}v_{i,j+\frac{1}{2}} \qquad (3.134)$$

变量 $\widetilde{u^2}$ 和 $\widetilde{v^2}$ 位于网格中心,称为二次量。另一方面,

$$\widetilde{u^2}^y_{i+\frac{1}{2},j+\frac{1}{2}}=u_{i+\frac{1}{2},j}u_{i+\frac{1}{2},j+1},\qquad \widetilde{v^2}^x_{i+\frac{1}{2},j+\frac{1}{2}}=v_{i,j+\frac{1}{2}}v_{i+\frac{1}{2},j+\frac{1}{2}} \qquad (3.135)$$

位于网格边缘。使用不同位置的速度值来衡量 $(\widetilde{u^2}+\widetilde{v^2})/2$,视为伪能量。将 $u_{i+\frac{1}{2},j}$ 乘以式(3.117)和式(3.127),并减去式(3.133)中的第一项得到 $\pm\left[u^2\overline{(\delta_x u+\delta_y v^x)}\right]_{i+\frac{1}{2},j}/2$(具有相反符号的相同幅度的误差)。将 $u_{i+\frac{1}{2},j}$ 乘以式(3.118)和式(3.128),并减去式(3.133)中的第二项得到 $\pm\left[v^2\overline{(\delta_x u+\delta_y v^y)}\right]_{i+\frac{1}{2},j}/2$。考虑到这些错误表达式,可以设想使用混合形式(斜对称形式)。也就是说,通过评估以下表达式在 $u_{i+\frac{1}{2},j}$ 和 $v_{i,j+\frac{1}{2}}$ 的位置,二次量可

以守恒：

$$\frac{1}{2}\left[\{\delta_x(\bar{u}^x\bar{u}^x)+\delta_y(\bar{v}^x\bar{u}^x)\}+(\overline{\bar{u}^x\delta_xu}^x+\overline{\bar{v}^x\delta_yu}^y)\right]_{i+\frac{1}{2},j} \tag{3.136}$$

$$\frac{1}{2}\left[\{\delta_x(\bar{u}^y\bar{v}^x)+\delta_y(\bar{v}^y\bar{v}^y)\}+(\overline{\bar{u}^y\delta_xv}^x+\overline{\bar{v}^y\delta_yy}^y)\right]_{i,j+\frac{1}{2}} \tag{3.137}$$

这个表达式由 Piacsek 和 Williams 提出,被称为二次守恒形式。严格来说,这个二次量不是动能。二次量分别在 $u_{i+\frac{1}{2},j}$ 和 $v_{i,j+\frac{1}{2}}$ 的不同点评估 $u^2/2$ 和 $v^2/2$,且不能用于局部能量守恒。尽管如此,这种伪能量的守恒提供了数值稳定性,而且实际上是计算的重要属性。

在各种研究中经常看到"使用能量守恒形式 $\frac{1}{2}(u_j\partial u_i/\partial x_j+\partial(u_iu_j)/\partial x_j)$"的描述。更准确地说,应将该格式称为二次守恒。这种守恒性仅在两项的差分格式具有兼容性的情况下才满足,例如式(3.136)及式(3.137)。当任何一个术语被不适当地离散或者在迎风(稍后描述)被使用时,所有这些点均将变得无意义。最常引用的不兼容之一是使用基于类似于式(3.123)和式(3.124)的离散化,得到

$$\frac{1}{2}\left[\{\delta_x(\bar{u}^x\bar{u}^x)+\delta_y(\bar{v}^x\bar{u}^y)\}+(u\delta'_xu+\bar{v}^{xy}\delta'_yu)\right]_{i+\frac{1}{2},j} \tag{3.138'}$$

$$\frac{1}{2}\left[\{\delta_x(\bar{u}^y\bar{v}^x)+\delta_y(\bar{v}^y\bar{v}^y)\}+(\bar{u}^{xy}\delta'_xv+v\delta'_yv)\right]_{i,j+\frac{1}{2}} \tag{3.139}$$

上式分别在 $u_{i+\frac{1}{2},j}$ 与 $v_{i,j+\frac{1}{2}}$ 处。其他的不兼容性常被视作对第二项使用迎风公式。

综上所述,散度形式即式(3.117)和式(3.118)满足动量守恒,而二次量不守恒。另一方面,式(3.136)和式(3.137)的混合形式保证了二次量守恒而不是动量守恒。梯度形式,式(3.127)和式(3.128)两者都不守恒。但是,所有这些情况下的守恒误差都与质量守恒 $\nabla\cdot\boldsymbol{u}$ 的误差成正比。如果质量守恒误差足够小,则动量守恒和二次量守恒的误差也变小。因此,当利用适当的离散化并且连续性方程的误差合适时,可以说动量和二次量都守恒。在实际计算中,很难注意到式(3.117)和式(3.128)的结果有何差别。但是,式(3.123)和式(3.124)的数值解不能得到相同的结果。

哈罗和韦尔奇提出的基于 MAC 的方法和 Piacsek 和 Williams 提出的二次守恒形式都能够在保证数值稳定性的同时允许一定的不可避免的误差。在泊松求解器上投入资源有限的时候,可以采取这些有影响力的方法进行稳定计算,从而使得研究人员可以继续模拟不可压缩流动。

3.5.2　非均匀网格离散化

如图 3.10 所示,将有限差分方案扩展到非均匀矩形网格。对于非均匀网格,插值的方法非常灵活。然而,在 3.5.1 节中提出的插值的简单实现方法并不能提供散度形式和梯度

形式之间的兼容性。

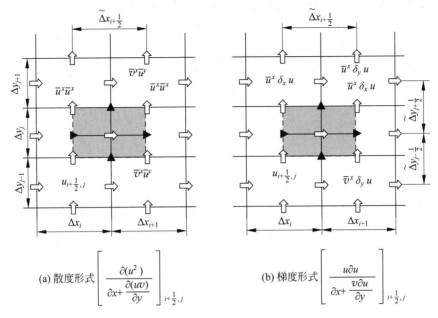

(a) 散度形式 $\left[\dfrac{\partial(u^2)}{\partial x} + \dfrac{\partial(uv)}{\partial y}\right]_{i+\frac{1}{2},j}$ (b) 梯度形式 $\left[\dfrac{u\partial u}{\partial x} + \dfrac{v\partial u}{\partial y}\right]_{i+\frac{1}{2},j}$

图 3.10 $\left(i+\dfrac{1}{2},j\right)$ 二阶精度中心差分格式及其非均匀网格 x 方向动量方程对流项控制体

为解决这个问题,需要重新讨论广义坐标系上的控制方程。这里只给出一个简要描述,稍后会提供详细的讨论。考虑将不均匀网格 $x_j(x,y)$ 转换(映射)到均匀网格 $\xi^k(\xi,\eta)$ 上。然后,在散度形式的映射空间中进行差分运算:

$$\frac{\partial u_i u_j}{\partial x_{ij}} = \frac{1}{j}\delta_{\xi^k}\left(\overline{JU^k}^{\xi^i}\,\bar{u}_j^{\xi^k}\right) \tag{3.140}$$

对映射空间的梯度形式采用对流插值,得到

$$u_j\frac{\partial u_i}{\partial x_{ij}} = \frac{1}{j}\overline{\overline{JU^k}^{\xi^i}\delta_{\xi^k}u_i}^{\xi^k} \tag{3.141}$$

注意,上述表达式中,不对插值中出现的指数(例如,k 在 ξ^k 中)进行求和,除非该指数在插值指数之外出现两次。

这个问题将在 4.2 节中讨论。这里,$\boldsymbol{J}=\left|\partial x^j/\partial\xi^k\right|$ 表示变换的雅可比矩阵,$U^k = u_i\partial\xi^k/\partial x_i$ 为对流速度的逆变分量,对于二维规则网格,在映射空间内选择宽度 $\Delta\xi=1$,$\Delta\eta=1$。对应的雅可比行列式为

$$J_{i,j}=\Delta x_i\Delta y_i,\quad J_{i+\frac{1}{2},j}=\widetilde{\Delta x}_{i+\frac{1}{2}}\Delta y_i,\quad J_{i,j+\frac{1}{2}}=\Delta x_i\widetilde{\Delta y}_{j+\frac{1}{2}} \tag{3.142}$$

其中给出了逆变速度分量:

$$U_{i+\frac{1}{2},j}=u_{i+\frac{1}{2}}\Big/\widetilde{\Delta x}_{i+\frac{1}{2}},\quad V_{i+\frac{1}{2},j}=v_{i,j+\frac{1}{2}}\Big/\widetilde{\Delta y}_{j+\frac{1}{2}} \tag{3.143}$$

由于将物理网格映射到均匀网格单元上,所以插值和梯度可以分别简单地计算为两点之间值的平均值和差值。通过这种映射方法,式(3.140)的散度形式为

$$
\left[\delta_x(\overline{u}^x\overline{u}^x)+\delta(\overline{v}^x\overline{u}^y)\right]_{i+\frac{1}{2},j}=\left\{-\left[\overline{JU^\xi U^\xi}\right]_{i,j}+\left[\overline{JU^\xi U^\xi}\right]_{i+1,j}\right\}\Big/J_{i+\frac{1}{2},j}+
$$
$$
\left\{-\left[\overline{JV^\xi\overline{u}^\eta}\right]_{i+\frac{1}{2},j-\frac{1}{2}}+\left[\overline{JV^\xi\overline{u}^\eta}\right]_{i+\frac{1}{2},j+\frac{1}{2}}\right\}\Big/J_{i+\frac{1}{2},j}
$$

$$(3.144)$$

$$
\left[\delta_x(\overline{u}^y\overline{v}^x)+\delta_y(\overline{v}^y\overline{v}^y)\right]_{i,j+\frac{1}{2}}=\left\{-\left[\overline{JU^\eta U^\xi}\right]_{i-1,j+\frac{1}{2}}+\left[\overline{JU^\eta U^\xi}\right]_{i+\frac{1}{2},j+\frac{1}{2}}\right\}\Big/J_{i,j+\frac{1}{2}}+
$$
$$
\left\{-\left[\overline{JV^\eta\overline{u}^\eta}\right]_{i,j}+\left[\overline{JV^\eta\overline{u}^\eta}\right]_{i,j+1}\right\}\Big/J_{i,j+\frac{1}{2}}\quad(3.145)
$$

式(3.141)的梯度形式为

$$
\overline{\left[\overline{u}^x\delta_x u^x+\overline{v}^x\delta_y u^y\right]}_{i+\frac{1}{2},j}=\left\{\left[\overline{JV^\xi\delta_\xi u}\right]_{i,j}+\left[\overline{JU^\xi\delta_\xi u}\right]_{i+1,j}\right\}\Big/(2J_{i+\frac{1}{2},j})+\quad(3.146)
$$
$$
\left\{\left[\overline{JV^\xi\delta_\eta u}\right]_{i+\frac{1}{2},j-\frac{1}{2}}+\left[\overline{JV^\xi\delta_\eta u}\right]_{i+\frac{1}{2},j-\frac{1}{2}}\right\}\Big/
$$
$$
(2J_{i+\frac{1}{2},})\overline{\left[\overline{u}^x\delta_x v^x+\overline{v}^y\delta_y v^y\right]}_{i,j+\frac{1}{2}}
$$
$$
=\left\{\left[\overline{JU^\eta\delta_\xi v}\right]_{i-\frac{1}{2},j+\frac{1}{2}}+\left[\overline{JU^\eta\delta_\xi v}\right]_{i+\frac{1}{2},j+\frac{1}{2}}\right\}\Big/(2J_{i,j+\frac{1}{2}})+
$$
$$
\left\{\left[\overline{JV^\eta\delta_\eta v}\right]_{i,j}+\left[\overline{JV^\eta\delta_\eta u}\right]_{i,j+1}\right\}\Big/(2J_{i,j+\frac{1}{2}})\quad(3.147)
$$

插值简化为以下平均运算:

$$
\left.
\begin{aligned}
\left[\overline{JU^\xi}\right]_{i,j}&=\frac{\Delta y_j u_{i-\frac{1}{2},j}+\Delta y_j u_{i+\frac{1}{2},j}}{2}\\
\left[\overline{JU^\xi}\right]_{i+\frac{1}{2},j+\frac{1}{2}}&=\frac{\Delta x_j v_{i,j+\frac{1}{2}}+\Delta x_{i+1} v_{i+1,j+\frac{1}{2}}}{2}
\end{aligned}
\right\}\quad(3.148)
$$

$$
\left.
\begin{aligned}
\left[\overline{JV^\eta}\right]_{i,j}&=\frac{\Delta x_j u_{i,j-\frac{1}{2}}+\Delta x_j v_{i,j+\frac{1}{2}}}{2}\\
\left[\overline{JU^\eta}\right]_{i+\frac{1}{2},j+\frac{1}{2}}&=\frac{\Delta y_j u_{i+\frac{1}{2},j}+\Delta y_{i+1} u_{i+\frac{1}{2},j+1}}{2}
\end{aligned}
\right\}\quad(3.149)
$$

$$
\left[\overline{u}^\xi\right]_{i,j}=\frac{u_{i-\frac{1}{2},j}+u_{i+\frac{1}{2},j}}{2},\quad\left[\overline{u}^\eta\right]_{i+\frac{1}{2},j+\frac{1}{2}}=\frac{u_{i+\frac{1}{2},j}+u_{i+\frac{1}{2},j}}{2}\quad(3.150)
$$

$$
\left[\overline{v}^\xi\right]_{i,j}=\frac{v_{i,j-\frac{1}{2}}+v_{i,j+\frac{1}{2}}}{2},\quad\left[\overline{v}^\eta\right]_{i+\frac{1}{2},j+\frac{1}{2}}=\frac{v_{i,j+\frac{1}{2}}+v_{i+1,j+\frac{1}{2}}}{2}\quad(3.151)
$$

并且作为两个值之间差值的一阶差分近似为

$$
\left[\delta_\xi u\right]_{i,j}=-u_{i-\frac{1}{2},j}+u_{i+\frac{1}{2},j},\quad\left[\delta_\eta u\right]_{i+\frac{1}{2},j+\frac{1}{2}}=-u_{i+\frac{1}{2},j}+u_{i+\frac{1}{2},j+1}\quad(3.152)
$$

$$[\delta_\xi v]_{i,j} = -v_{i,j-\frac{1}{2}} + v_{i,j+\frac{1}{2}}, \quad [\delta_\eta v]_{i+\frac{1}{2},j+\frac{1}{2}} = -v_{i,j+\frac{1}{2}} + v_{i+1,j+\frac{1}{2}} \tag{3.153}$$

可以看出,式(3.144)和式(3.145)与式(3.146)和式(3.147)是兼容的,如 3.5.1 节所述。取式(3.144)和式(3.146)的差值,有

$$\frac{1}{j}\delta_{\xi^k}\left(\overline{JU^k}^{\xi^i}\,\overline{u_i}^{\xi^k}\right) - \frac{1}{j}\overline{\overline{JU^k}^{\xi^i}\delta_{\xi^k}u_i}^{\xi^k}$$

$$= \frac{u_{i+\frac{1}{2}}}{2\widetilde{\Delta x}_{i+\frac{1}{2}}\Delta y_j} \times \left\{ \begin{array}{l} \Delta y_j(-u_{i-\frac{1}{2},j} + u_{i+\frac{1}{2},j}) \\ + \Delta x_i(-v_{i,j-\frac{1}{2}} + v_{i,j+\frac{1}{2}}) \\ + \Delta y_j(-u_{i+\frac{1}{2},j} + u_{i+\frac{3}{2},j}) \\ + \Delta x_{i+1}(-v_{i+1,j-\frac{1}{2}} + v_{i+1,j+\frac{1}{2}}) \end{array} \right\} \tag{3.154}$$

$$= \left[\frac{u}{J}\overline{\delta_\xi(JU) + \delta_\eta(JV)}^\xi\right]_{i+\frac{1}{2},j}$$

对应地,当相邻的两个单元的连续性方程接近于 $u_{i+\frac{1}{2}}$ 时,

$$\frac{\partial u}{\partial x} + \frac{\partial v}{\partial y} = \frac{u}{J}\left[\frac{\partial(JU)}{\partial\xi} + \frac{\partial(JV)}{\partial\eta}\right] = 0 \tag{3.155}$$

满足如下离散关系:

$$\frac{1}{J}\left[\delta_\xi(JU) + \delta_\eta(JV)\right] = 0 \tag{3.156}$$

注意到两种离散化没有区别。对式(3.145)与式(3.147)也是相同的。

3.5.3 迎风格式

已知数值扩散可以增加流体流动数值模拟的稳定性,在动量方程中与数值黏度项对应。这种效应一般会通过迎风对流项引入系统[17]。请注意,迎风法的使用不仅可以有效降低雷诺数,如 2.3.6 节所述,同时也引入了与二阶导数黏度项不同的高阶数值黏度。文献中,迎风法会在模拟流动中引入非物理旋涡,所以必须谨慎使用这些概念。将引入数值求解器的数值黏度称为人工黏度。

迎风法的应用应限制在网格分辨率不能进一步细化的区域或者必须使用数值不稳定模型的情况。尽管如此,迎风法似乎在用中心差分进行模拟出现发散时经常使用。将数值不稳定性与迎风法的关系进行简单分析,通常意味着采用不合适的中心差分格式来求解,并用人工黏度消除。考虑到这些注意事项,本节讨论一些适合交错网格的迎风差分法。

1. 对流项散度格式的迎风法

二阶中心差分格式中,用对流项的散度形式对通量 $\partial(uf)/\partial x$ 近似,若

$$[(uf)_x]_{i+\frac{1}{2}} = \frac{-[uf]_i + [uf]_{i+1}}{\Delta x} \quad\quad (3.157)$$

不使用迎风差分,则得到相邻点的平均值:

$$[uf]_i = u_i \frac{f_{i-\frac{1}{2}} + f_{i+\frac{1}{2}}}{2} = [u\bar{f}^x]_i \quad\quad (3.158)$$

可以替代地对 f 使用差值使迎风的权重更大。所得到的格式添加入数值黏度中。两种众所周知的迎风法是宿主单元法和 QUICK 方法。

宿主单元法表示为

$$[uf]_i = \begin{cases} u_i f_{i-\frac{1}{2}}, & u_i \geqslant 0 \\ u_i f_{i+\frac{1}{2}}, & u_i < 0 \end{cases} \quad\quad (3.159)$$

在不需要基于 u_i 进行分类的情况下将上述表达式重新写为

$$[uf]_i = u_i \frac{f_{i-\frac{1}{2}} + f_{i+\frac{1}{2}}}{2} - |u_i| \frac{-f_{i-\frac{1}{2}} + f_{i+\frac{1}{2}}}{2}$$

$$= [u\bar{f}^x]_i - \frac{|u_i| \Delta x}{2}[\delta_x f]_i \qu\quad (3.160)$$

式中, $\bar{f}^x$ 和 $\delta_x f$ 分别是使用 $f_{i\pm\frac{1}{2}}$ 的两点插值和中心差分。

Leonard 的 QUICK 方法(对流运动学的二次迎风插值法)为

$$[uf]_i = \begin{cases} u_i \dfrac{-f_{i-\frac{3}{2}} + 6f_{i-\frac{1}{2}} + 3f_{i+\frac{1}{2}}}{8}, & u_i \geqslant 0 \\ u_i \dfrac{3f_{i-\frac{1}{2}} + 6f_{i+\frac{1}{2}} - f_{i+\frac{3}{2}}}{8}, & u_i < 0 \end{cases} \quad (3.161)$$

上式同样使用来自顺风的参数,但是迎风权重更高。不使用 if 语句,上述方程式可以写为

$$[uf]_i = u_i \frac{-f_{i-\frac{3}{2}} + 9f_{i-\frac{1}{2}} + 9f_{i+\frac{1}{2}} - f_{i+\frac{3}{2}}}{16} +$$

$$|u_i| \frac{-f_{i-\frac{3}{2}} + 3f_{i-\frac{1}{2}} - 3f_{i+\frac{1}{2}} + f_{i+\frac{3}{2}}}{16} \quad (3.162)$$

$$= [\overline{uf^x}]_i + \frac{|u_i|(\Delta x)^3}{16}[\delta_x^3 f]_i$$

式中, $\bar{f}^x$ 和 $\delta_x^3 f$ 分别是基于 $f_{i\pm\frac{1}{2}}$ 和 $f_{i\pm\frac{3}{2}}$ 的四点插值和三阶导数中心差分。

一般认为,式(3.157)中右侧的对流通量 uf 的迎风权重更高,由 m 点插值 $\bar{f}^x$ 和第 $(m-1)$ 个导数乘以 $(\Delta x)^{m-1}$ 所构成的格式证明:

$$uf = u\bar{f}^x + (-1)^{\frac{m}{2}}\alpha(\Delta x)^{m-1} \mid u \mid \delta_x^{m-1}f \tag{3.163}$$

式中，m 是偶数，α 是正常数，δ_x^{m-1} 用于在 $\pm\frac{1}{2}$、$\pm\frac{3}{2}$、$\cdots$、$\pm\frac{1}{2}(m-1)$ 模板上的 $(m-1)$ 阶导数的 m 点中心差分算子。通常，常数 α 是插值 δ_x^{m-1} 中分子的逆。上述关系中的附加项在式(3.157)中进行额外的差分，将第 m 个导数(偶次导数)作为人工黏度。对于 $m=2$ 和 $\alpha=1/2$，使用宿主单元法(二阶人工黏度)；对于 $m=4$ 和 $\alpha=1/16$，使用 QUICK 方法(四阶人工黏度)。

基于数值实验，一阶精度宿主单元法被认为是快速求解方案，而 QUICK 方法可以得到较好的结果。虽然 QUICK 方法中的插值格式(式(3.162))为三阶精度，但通过采用散度(式(3.157))来评估对流项可获得二阶精度。即使引入高阶人工黏度(高阶插值)，精度仍然保持在二阶。正是因为这个原因，一般没有将 式(3.157)和式(3.163)进行组合的尝试。

2. 对流项梯度形式的迎风差分法

迎风有限差分通常与梯度形式一起使用。一阶迎风差值由下式给出：

$$[uf_x]_i = \begin{cases} u_i \dfrac{-f_{i-1}+f_i}{\Delta x}, & u_i \geqslant 0 \\ u_i \dfrac{-f_i+f_{i+1}}{\Delta x}, & u_i < 0 \end{cases} \tag{3.164}$$

上式可以在不分类的情况下写为

$$[uf_x]_i = u_i \frac{-f_{i-1}+f_{i+1}}{2\Delta x} - \mid u_i \mid \frac{f_{i-1}-2f_i+f_{i+1}}{2\Delta x}$$

$$= [u\delta'_x f]_i - \frac{\mid u_i \mid \Delta x}{2}[\delta_x'^2 f]_i \tag{3.165}$$

式中，δ'_x 和 $\delta_x'^2$ 分别为 i、$i\pm1$ 三点的一阶和二阶中心差分算子。从上式可以看出，迎风差分添加了 $\mid u_i \mid \Delta x/2$ 的黏度。式(3.165)右边的第一项为二阶精度中心差分。由于增加了第二项，使其整体精度降低到一阶。这一项产生了动量方程中的人工黏度。用人工黏度进行模拟求解的是有效黏度为 $\nu+\mid u \mid \Delta x/2$ 的流场。当人工黏度明显大于物理黏度时，则不能正确地预测流场，如 2.3.6 节所述。

因此，尝试减小人工黏度或将其限制在流场中梯度大的区域中使用。如 Kawamura 和 Kuwahara 的方法：

$$[uf_x]_i = \begin{cases} u_i \dfrac{2f_{i-2}-10f_{i-1}+9f_i-2f_{i+1}+f_{i+2}}{6\Delta x} \\ u_i \dfrac{-f_{i-2}+2f_{i-1}-9f_i+10f_{i+1}-2f_{i+2}}{6\Delta x} \end{cases} \tag{3.166}$$

相对于一阶迎风差分公式，这种格式也使用顺风参数。与顺风相比，迎风权重的选取更

为重要，可以等价地表示为

$$[uf_x]_i = u_i \frac{f_{i-2} - 8f_{i-1} + 8f_{i+1} - f_{i+2}}{12\Delta x} + 3 \mid u_i \mid \frac{f_{i-2} - 4f_{i-1} + 6f_i - 4f_{i+1} + f_{i+2}}{12\Delta x}$$

(3.167)

$$= [u\delta'_x f]_i - \frac{3 \mid u_i \mid (\Delta x)^3}{12} [\delta'^4_x f]_i$$

式中，δ'_x 和 δ'^4_x 分别是 i、$i\pm1$、$i\pm2$ 五点的一阶和四阶的中心差分算子，式（3.167）右边的第一项为四阶中心差分，第二项的添加，将其变为通过四阶导数添加人工黏度的三阶精度迎风差分法。

使用高阶导数引入人工黏度来抑制高波数波动。若考虑 $f = \exp(ikx)$ 的振荡，则使用 $d^m f / dx^m = (ik)^m f$，意味着具有大的 m（导数阶数），高波数分量可能受到人工黏度极大的影响。虽然高阶人工黏度可以消除与数值不稳定性有关的高频振荡，由于添加了高阶人工黏度，流体流动出现了非物理行为。

一般来说，人工黏度在对流项的梯度形式中，使用迎风差分差异会得到如下所示迎风差分：

$$uf_x = u\delta'_x f + (-1)^{\frac{m}{2}} \alpha (\Delta x)^{m-1} \mid u \mid \delta'^m_x f$$

(3.168)

式中，m 是偶数，α 是正常数。上式的右侧是衡量有限差分表达式中的迎风权重。δ 是在 0、±1、±2、$\cdots$、$\pm m/2$ 模板的 $(m+1)$ 个点的中心差分算子。当 $m=4$ 时，得到三阶精度迎风差分法；当 $m=6$ 时，得到五阶精度迎风差分法。Kawamura 和 Kuwahara 的方法选择 $m=4$ 和 $\alpha=3/12$。如果认为 α 是差分方案 $\delta_x f$ 的分母上的整数乘以 Δx 的整数的倒数，则选择 $\alpha=1/12$ 可能更常见。Rai 和 Moin 提出的五阶迎风差分法中 $m=6$，$\alpha=1/60$。

注意式（3.168）右侧的第一项。该项对应于交错网格上的对流项（梯度形式）不适当的离散化，如前所述。即使将精度提高到四阶或五阶，这种离散化也是不合适的。需要人工黏度的情况下，应该至少对中心差分进行适当的离散化。例如，如果要在二维方向上对动量方程 x 方向中的对流项进行迎风差分，一般不会使用

$$[uu_x + vu_x]_{i+\frac{1}{2},j} = [u\delta'_x u + \bar{v}^{xy}\delta'_y u]_{i+\frac{1}{2},j} +$$

$$(-1)^{\frac{m}{2}}\alpha[(\Delta x)^{m-1} \mid u \mid \delta'^m_x u + (\Delta y)^{m-1} \mid\bar{v}^{xy}\mid \delta'^m_x u]_{i+\frac{1}{2},j}$$

(3.169)

而是选择

$$[uu_x + vu_y]_{i+\frac{1}{2},j} = [\overline{\bar{u}^x\delta_x u^x} + \overline{\bar{v}^x\delta_y u^y}]_{i+\frac{1}{2},j} +$$

$$(-1)^{\frac{m}{2}}\alpha[(\Delta x)^{m-1} \mid u \mid \delta'^m_x u + (\Delta y)^{m-1} \mid\bar{v}^{xy}\mid \delta'^m_y u]_{i+\frac{1}{2},j}$$

(3.170)

上述离散化被认为是修正后的迎风格式之一。

虽然有许多模拟报告使用迎风差分法来实现计算的稳定性，但不正确的中心差分法可能引起数值问题。如果谨慎地进行中心差分，则不一定用到迎风差分法。

3.6　黏度项的空间离散化

动量方程的黏度项表示黏性扩散的影响。正如在第 2 章中所述，扩散项用于使解的分布更平滑。这意味着黏度项可以消除流动中的速度波动。从动能的角度讨论黏度的作用，$k = u_i u_i / 2$。假设 ρ 和 ν 是常数，动量方程与速度的内积产生：

$$u_i \frac{\partial u_i}{\partial t} = -u_i u_i \frac{\partial u_i}{\partial x_j} - \frac{u_i}{\rho} \frac{\partial p}{\partial x_i} - \nu u_i \frac{\partial^2 u_i}{\partial x_j \partial x_j} \tag{3.171}$$

可以进一步转化为动能方程：

$$\frac{\partial k}{\partial t} + \frac{\partial}{\partial x_j} \left(u_j k + \frac{u_j p}{\rho} - \nu \frac{\partial k}{\partial x_j} \right) = -\nu \frac{\partial u_i}{\partial x_j} \frac{\partial u_i}{\partial x_j} \tag{3.172}$$

式（3.172）中，左侧由 $\partial / \partial x_j (\cdots)$ 表示的项为发散形式，并且可以实现动能守恒。但是，右边的项为

$$\Phi = \nu \frac{\partial u_i}{\partial x_j} \frac{\partial u_i}{\partial x_j} \tag{3.173}$$

上式总是正的，并且消耗动能。Φ 表示动能的耗散率。动量方程中黏性扩散项的存在不会改变动量守恒。然而，动能方程中存在非守恒的耗散项。

对于黏度项的离散化，大多数二阶导数的有限差分方法抑制了速度波动并消耗能量。因此，对于大多数问题，解对二阶导数的离散化并不敏感。

然而，对于更高保真度的仿真，方法的兼容性和高阶精度非常重要。例如，当求解黏性效应主导的流动边界层内的速度分布时，就需要高分辨率，可以使用更精细的网格和更高的空间精度来实现。同样需要注意的是，湍流模拟数据的后处理可以精确地计算动能方程中的每一项。由于计算结果基于连续性和动量方程，但在动能方程上不明确，所以计算动能方程时，正确地分析各项结果，满足相容性尤为重要。

鉴于上述讨论，给出黏度项的有限差分格式。一般表达式是基于压力导数的差分：

$$\frac{\partial}{\partial x_j} \left[\nu \left(\frac{\partial u_i}{\partial x_j} + \frac{\partial u_j}{\partial x_i} \right) \right] = \delta_{x_j} \left[\nu (\delta_{x_j} u_i + \delta_{x_i} u_j) \right] \tag{3.174}$$

若黏度 ν 为常数，则黏度项变为 $\nu \nabla^2 u_i$ 并导致

$$\nu \frac{\partial^2 u_i}{\partial x_j \partial x_j} = \nu \delta_{x_j} (\delta_{x_j} u_i) \tag{3.175}$$

正如在压力泊松方程中考虑的那样，用速度梯度的有限差分离散拉普拉斯算子，而不是直接计算二阶导数。基于此观点，对应于式（3.171）～式（3.172）的变换微分方程为

$$u_i \frac{\partial^2 u_i}{\partial x_j \partial x_j} = \frac{\partial^2 k}{\partial x_j \partial x_j} - \frac{\partial u_i}{\partial x_j} \frac{\partial u_i}{\partial x_j} \tag{3.176}$$

也应该在有限差分的范围内，即

$$u_i \delta_{x_j}(\delta_{x_j} u_i) = \delta_{x_j}(\delta_{x_j} k) - \overline{\delta_{x_j} u_i \delta_{x_j} u_i}^{x_j} \tag{3.177}$$

现在，研究上述不均匀网格的表达式。对于黏度项，在广义坐标系中，离散对流项时所考虑的问题是有用的。结合图 3.11，研究 x 方向动量方程的黏度项。

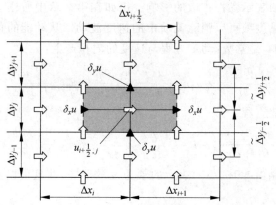

图 3.11　非均匀网格的 x 方向动量方程中黏度项的二阶精度中心差分模板及控制体

由式(3.174)可得应力的发散形式

$$
\begin{aligned}
\left[(2\nu u_x)_x + \{\nu(u_y + v_x)\}_y\right]_{i+\frac{1}{2},j} =\ & \frac{2}{\widetilde{\Delta x}_{i+\frac{1}{2}}}\left[-\nu\frac{-u_{i-\frac{1}{2},j} + u_{i+\frac{1}{2},j}}{\Delta x_i} + \nu\frac{-u_{i+\frac{1}{2},j} + u_{i+\frac{3}{2},j}}{\Delta x_{i+1}}\right] + \\
& \frac{1}{\Delta y_j}\left[-\nu\left\{\frac{-u_{i+\frac{1}{2},j-1} + u_{i+\frac{1}{2},j}}{\widetilde{\Delta y}_{i-\frac{1}{2}}} + \frac{-v_{i,j-\frac{1}{2}} + v_{i+1,j-\frac{1}{2}}}{\widetilde{\Delta x}_{i+\frac{1}{2}}}\right\} + \right. \\
& \left. \nu\left\{\frac{-u_{i+\frac{1}{2},j} + u_{i+\frac{1}{2},j+1}}{\widetilde{\Delta y}_{i+\frac{1}{2}}} + \frac{-v_{i,j+\frac{1}{2}} + v_{i+1,j+\frac{1}{2}}}{\widetilde{\Delta x}_{i+\frac{1}{2}}}\right\}\right]
\end{aligned}
\tag{3.178}
$$

若 ν 是常数，有 $\nu\nabla^2 u_i$，使得

$$
\begin{aligned}
\nu\left[(u_x)_x + (u_y)_y\right]_{i+\frac{1}{2},j} =\ & \frac{\nu}{\widetilde{\Delta x}_{i+\frac{1}{2}}}\left[-\frac{-u_{i-\frac{1}{2},j} + u_{i+\frac{1}{2},j}}{\Delta x_i} + \frac{-u_{i+\frac{1}{2},j} + u_{i+\frac{3}{2},j}}{\Delta x_{i+1}}\right] + \\
& \frac{\nu}{\Delta x_j}\left[-\frac{-u_{i+\frac{1}{2},j-1} + u_{i+\frac{1}{2},j}}{\widetilde{\Delta y}_{j-\frac{1}{2}}} + \frac{-u_{i+\frac{1}{2},j} + u_{i+\frac{1}{2},j+1}}{\widetilde{\Delta y}_{j+\frac{1}{2}}}\right]
\end{aligned}
\tag{3.179}
$$

对于上述离散化,考虑离散化对能量方程的影响。结合式(3.179)中$\partial^2/\partial x^2$的有限差分近似,$i=1$时式(3.176)的左侧和右侧第一项分别变成

$$\left[u(u_x)\right]_{i+\frac{1}{2},j} = \frac{u_{i+\frac{1}{2},j}}{\widetilde{\Delta x}_{i+\frac{1}{2}}}\left[-\frac{-u_{i-\frac{1}{2},j}+u_{i+\frac{1}{2},j}}{\Delta x_i}+\frac{-u_{i+\frac{1}{2},j}+u_{i+\frac{3}{2},j}}{\Delta x_{i+1}}\right] \tag{3.180}$$

$$\left[\{(u^2/2)_x\}_x\right]_{i+\frac{1}{2},j} = \frac{1}{2\widetilde{\Delta x}_{i+\frac{1}{2}}}\left[-\frac{-u^2_{i-\frac{1}{2},j}+u^2_{i+\frac{1}{2},j}}{\Delta x_i}+\frac{-u^2_{i+\frac{1}{2},j}+u^2_{i+\frac{3}{2},j}}{\Delta x_{i+1}}\right] \tag{3.181}$$

这些表达式的差分为

$$\left[u_x u_x\right]_{i+\frac{1}{2},j} = \frac{1}{2\widetilde{\Delta x}_{i+\frac{1}{2}}}\left[\Delta x_i\left(\frac{-u_{i-\frac{1}{2},j}+u_{i+\frac{1}{2},j}}{\Delta x_i}\right)^2+\Delta x_{i+1}\left(\frac{-u_{i+\frac{1}{2},j}+u_{i+\frac{3}{2},j}}{\Delta x_{i+1}}\right)^2\right]$$

$$= \frac{1}{2J_{i+\frac{1}{2}}}\left(\left[J(\delta_x u)^2\right]_i+\left[J(\delta_x u)^2\right]_{i+1}\right) \tag{3.182}$$

即为由雅可比(单元体积)加权的耗散率的平均值。与3.5.2节中对流项的情况类似,**权重是以相反方式应用于基于距离的插值**,而不是简单的算术平均值。

3.7 交错网格求解器的总结

总结求解笛卡儿网格上不可压缩流动的有限差分方法。简要提及如何将上述讨论扩展到三维流动。为简单起见,在此**表示均匀网格离散的非线性平流项**,对于非均匀网格读者可以参考3.5.2节。

考虑如图3.12所示的矩形网格。变量在交错网格上的位置应如下所示:

C_p	(cell center)	$p,\phi,\overline{u_i}^{x_i},\delta_{x_i}u_i$ (no summation implied)
C_i	(cell face)	u_i
C_{ij}	(cell edge)	$\overline{u_i}^{x_j},\overline{u_j}^{x_i},\delta_{x_j}u_i,\delta_{x_i}u_j$

其中,p和u_i(u、v和w)是基本变量,其他变量在计算过程中使用。

对于湍流模型的计算,除运动黏度ν之外,还可引入涡流黏度ν_T(其值为空间和时间的函数)。也可能存在ν不是常数的情况。对于这些情况,当需要剪切应力时,标量(涡流)黏度可以放置在C_p,并取C_{ij}处的插值(在5.7.1节中进一步讨论)。

1. 显式方法

用Adams-Bashforth法处理对流项和黏度项,并隐式地将压力梯度和不可压缩性结合,得到以下离散化:

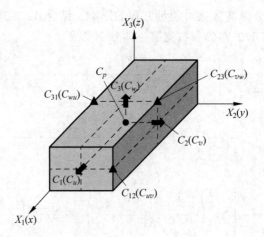

图 3.12 三维交错网格上的可变位置

$$\delta_{x_i} u_i^{n+1} = 0 \tag{3.183}$$

$$\frac{u_i^{n+1} + u_i^n}{\Delta t} = -\delta_{x_i} P^{n+1} + \frac{3(A_i + B_i)^n - (A_i + B_i)^{n-1}}{2} \tag{3.184}$$

$$A_i = -\delta_{x_i} (\bar{u}_j^{x_i} \bar{u}_j^{x_j}) \quad \text{或} \quad A_i = -\overline{\bar{u}_j^{x_i} \delta_{x_j} u_i}^{x_j} \tag{3.185}$$

$$B_i = \delta_{x_i} \left[\nu (\delta_{x_j} u_i + \delta_{x_i} u_j) \right] \tag{3.186}$$

式中,不调用用于插值的指数的求和(例如,对于出现在插值 x^k 中的指数 k),除非出现 3 个相同的指数。当 ν 为常数时,黏度项变为 $B_i = \nu \delta_{x_j} (\delta_{x_j} u_i)$。也可采用上述两种对流项的离散化的平均值来得到二次守恒形式。时间推进格式可以通过以下步骤描述。

(1)显式地预测单元表面的速度 C_i:

$$u_i^P = u_i^n - \Delta t \delta_{x_i} P^n + \Delta t \frac{3(A_i + B_i)^n - (A_i + B_i)^{n-1}}{2} \tag{3.187}$$

(2)求解泊松方程,以确定网格中心 C_p 处的标量势 ϕ(压力校正):

$$\delta_{x_j} (\delta_{x_j} \phi) = \frac{1}{\Delta t} \delta_{x_i} u_i^P \tag{3.188}$$

(3)校正 C_i 处速度,并更新 C_p 处的压力:

$$u_i^{n+1} = u_i^P - \Delta t \delta_{x_i} \phi \tag{3.189}$$

$$P^{n+1} = P^n + \phi \tag{3.190}$$

从适当的初始条件开始,流场以时间步长 t 随时间演化。如果解不随时间变化,即得到稳定解。

2. 黏度项的隐式处理

黏度 ν 为常数时,线性黏度项可直接进行隐式处理。黏度时间积分的稳定极限受到显式方程限制时,这种隐式处理是有效的。这里,考虑将黏度积分改为二阶克兰克-尼科尔森方法:

$$\frac{u_i^{n+1} - u_i^n}{\Delta t} = \delta_{x_i} P^{n+1} + \frac{3A_i^n - A_i^{n-1}}{2} + \nu \delta_{x_j} \delta_{x_j} \frac{u_i^n + u_i^{n+1}}{2} \tag{3.191}$$

时间步长变为原来的 3 倍。

(1) 求解动量方程,以预测 C_i 处的速度:

$$\left[1 - \Delta t \frac{\nu}{2} \delta_{x_j} \delta_{x_j} \right] u_i^P = u_i^n + \Delta t \frac{\nu}{2} \delta_{x_j} \delta_{x_j} u_i^n - \Delta t \delta_{x_i} P^n + \Delta t \frac{3A_i^n - A_i^{n-1}}{2} \tag{3.192}$$

(2) 求解泊松方程,以确定 C_p 处的标量势 ϕ:

$$\delta_{x_j} (\delta_{x_j} \phi) = \frac{1}{\Delta t} \delta_{x_i} u_i^P \tag{3.193}$$

(3) 校正 C_i 处的速度,并更新 C_p 处的压力:

$$u_i^{n+1} = u_i^P - \Delta t \delta_{x_i} \phi \tag{3.194}$$

$$P^{n+1} = P^n + \phi - \frac{\nu}{2} \Delta t \delta_{x_j} \delta_{x_j} \phi \tag{3.195}$$

将式(3.194)代入式(3.192)消去 u_i^P,发现 P^{n+1} 应用式(3.195)来确定而不是用 $P^{n+1} = P^n + \phi$。尽管如此,式(3.195)中最后一项 $\frac{\nu}{2} \Delta t \delta_{x_j} \delta_{x_j} \phi$ 的最大值通常很小。

3.8　边界和初始条件

3.8.1　边界设置

模拟各种类型的流动,如图 3.13 所示。图 3.13(a)为实体附近流动,图 3.13(b)为通道内的流动,图 3.13(c)为边界层流动,图 3.13(d)为半无限空间中的射流。有些情况下,实体可能在运动,也可能遇到运动的气-液界面。如果忽略气体的影响,界面可以被视为液体的自由表面。

因为无法在无限大的区域内生成有限大小的网格,所以在许多情况下,被迫将计算空间分割为一个有限区域(除非流体流动在一个封闭的空间内)。这种空间分割需要规定流入、流出以及边界条件。一般来说,这些条件很难精确地与控制方程描述的物理流动相匹配。若模拟不稳定的湍流,需要一个包含正确紊流时间函数的流入条件,也需要一个允许涡旋离开计算域而不产生非物理反射回内部域的流出条件。此外,应谨慎处理远场边界规范,因为它可以影响物体周围流动的时间与空间的关键变化。目前,还没有对所有的入口、出口以及远场边界都通用的人工边界条件。另一方面,固体边界是物理边界,如果方法正确,通常不会以非物理方式影响流动。但是应该记住,固体边界层有很大的速度梯度。为准确地描述流场,网格必须高度细化,特别是对于高雷诺数流动。

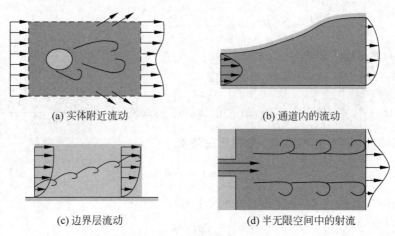

(a) 实体附近流动　　　　　　　　　　　　(b) 通道内的流动

(c) 边界层流动　　　　　　　　　(d) 半无限空间中的射流

图 3.13　空间发展流动计算域的例子

对于一些具有空间周期性的特殊情况(如图 3.14 所示),利用周期性边界条件,可以促进流入、流出或远场边界条件的规范。对于图 3.14(a)所示情况,可以展现框周围的周期性。如果所关注的流动结构超出图 3.14(a)中所示的范围,可以增加方框的尺寸以覆盖更多的对象。对于图 3.14(b)所示的内部流动,可以指定周期性边界条件。对于图 3.14(c)和图 3.14(d)所示情况下在入口和出口之间流动相似的空间发展流动,可以使用考虑到增长的周期性边界条件。例如,若允许时间发展(即 $x = Ut$),则将下游边界条件转换为空间发展。如果限制边界的时间发展,将限制一些空间发展。规定人工边界条件时应注意考虑它对流动的潜在影响。

如图 3.15 所示,为评估人工边界位置的影响,考虑在体积参考系为无限大区域的围绕圆柱体的流动。对于距离圆柱足够远的边界,上游和下游流动将是均匀的。然而,数值模拟中,应截断空间域,仅考虑靠近实体的有限域。对于低雷诺数流动,**黏滞效应会在较长的距离内影响流场**,特别是在交叉流方向上影响流场。另一方面,对于高雷诺数流动,黏性效应被限制在实体以及在涡流脱落时的大尾流附近。注意,大多数情况下,速度边界条件在出口处不太可能变得均匀。

对于不适合使用均匀流动的有限域的模拟,必须给出远场或流出边界条件。此情况下,必须考虑以下几点,确保内部流场不受人工边界条件的影响。第一,应该选择尽可能大的计算域。第二,边界条件不应允许非物理反射传播回流场内部。由于人工边界条件通常不能

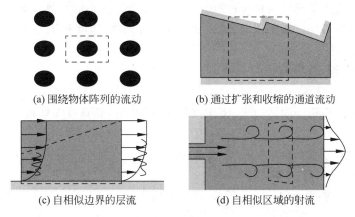

(a) 围绕物体阵列的流动　　　　　　　　(b) 通过扩张和收缩的通道流动

(c) 自相似边界的层流　　　　　　　　　(d) 自相似区域的射流

图 3.14　周期性边界条件应用示例

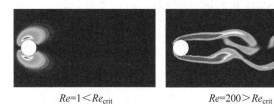

彩图 3.15

$Re=1<Re_{\text{crit}}$　　　　　　　　　$Re=200>Re_{\text{crit}}$

图 3.15　圆形柱面周围高于以及低于临界雷诺数的涡度场(这两个图形都显示了相同的等高线)

严格满足 N-S 方程,所以流体的运动可能会在人工边界附近受到影响。第三,由于上述原因,可将人工边界附近的区域从考虑的可靠数值解中移除。

本章将讨论限于使用笛卡儿坐标系的模拟。如图 3.16 所示的流场中,用 x 表示流向,方向从流入边界延伸到流出边界。壁面法线方向用 y 表示,覆盖从壁面到人工远场边界的

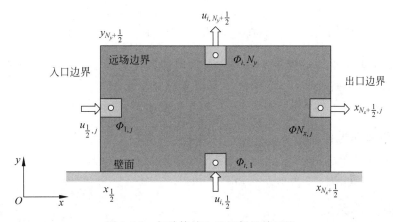

图 3.16　与计算域边界相邻的单元格

流场。这个远场边界是指由实体(或壁面)产生的影响足够小的计算边界。对于固体边界,通常指定速度边界条件。对于流入、流出和远场边界条件,速度和压力是给定的。

3.8.2　固壁边界条件

为将边界条件应用于固体边界,将虚拟单元(影网格)放置在实体内,如图 3.17 中虚线所示。令虚拟单元格的宽度(与表面垂直的长度)与壁相邻的单元格尺寸相等(即 $\Delta y_0 = \Delta y_1$)。沿固体边界方向,除无渗透(渗透)边界条件 $v=0$ 外,经常应用 $u=0$ 的无滑移边界条件或 $\partial u/\partial y=0$ 的滑移边界条件。

对于这些边界条件,如图 3.17 所示,可以分别令 $u_{i+\frac{1}{2},0}=\mp u_{i+\frac{1}{2},1}$。在实际程序中,不需要为虚拟网格上的速度值分配一个数组。回想一下可变的排列,在计算中,需要 $\left(i+\frac{1}{2},\frac{1}{2}\right)$ 位置处的 $\overline{u}^y,\overline{v}^x$ 以及 $\delta_y u$。为执行无滑移条件,有

$$[\overline{u}^y]_{i+\frac{1}{2},\frac{1}{2}}=0,\quad [\delta_y u]_{i+\frac{1}{2},\frac{1}{2}}=\frac{u_{i+\frac{1}{2},1}}{\Delta y_1/2} \tag{3.196}$$

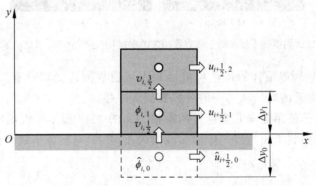

图 3.17　壁面上的模板

上式考虑了虚拟单元的速度。有时为可无滑移条件提高 $[\delta_y u]_{i+\frac{1}{2},\frac{1}{2}}$ 的精度。在滑移边界的情况下,可以使用

$$[\overline{u}^y]_{i+\frac{1}{2},\frac{1}{2}}=u_{i+\frac{1}{2},1},\quad [\delta_y u]_{i+\frac{1}{2},\frac{1}{2}}=0 \tag{3.197}$$

一般来说,如果壁面速度 $u_{i+\frac{1}{2},\text{wall}}$ 已经给出,可以设

$$[\overline{u}^y]_{i+\frac{1}{2},\frac{1}{2}}=u_{i+\frac{1}{2},\text{wall}},\quad [\delta_y u]_{i+\frac{1}{2},\frac{1}{2}}=\frac{u_{i+\frac{1}{2},1}-u_{i+\frac{1}{2},\text{wall}}}{\Delta y_1/2} \tag{3.198}$$

对于法向分量,给出

$$\left[\overline{v}^x\right]_{i+\frac{1}{2},\frac{1}{2}} = \frac{v_{i,\frac{1}{2}} + v_{i+1,\frac{1}{2}}}{2}, \quad \left[\delta_x v\right]_{i+\frac{1}{2},\frac{1}{2}} = \frac{-v_{i,\frac{1}{2}} + v_{i+1,\frac{1}{2}}}{\widetilde{\Delta} x_{i+\frac{1}{2}}} \tag{3.199}$$

很多情况下,对于壁面边界的壁面法向速度规定了渗透(非渗透)边界条件,如果实体是静止的,则法向速度为零。

压力边界条件有许多种。根据壁面动量方程,可推导出 $\partial p/\partial n$、$\partial p/\partial s_1$ 和 $\partial p/\partial s_2$,式中,n 是壁面法线方向,s_1 和 s_2 是两个独立的壁面切向方向。应满足这些边界条件,但离散方程不一定正确。

为与时间推进方法一起确定压力边界条件,应利用壁面法向动量方程中的边界压力梯度。在固体边界上通常没有渗透流。然而,在多孔边界的情况下或当固体边界处施加吸力/吹力时,可以有非零流量进入或流出壁面。这两种情况下,都假定壁面法向速度 $\boldsymbol{v}_{\text{wall}}$ 以某种方式确定。边界条件最简单的处理方法是在 SMAC 法的预测步骤中设置壁面法向速度 $\boldsymbol{v}^P$:

$$v_{i,\frac{1}{2}}^P = v_{i,\text{wall}}^{n+1} \tag{3.200}$$

而不是通过式(3.14)以时间推进边界速度。用上标 $(n+1)$ 表示正常速度来表示新时间步长的边界条件。对于下标,应参考图 3.17。由于在校正式(3.15)中不能改变边界值,ϕ 的边界条件必须为 $\left[\partial\phi/\partial y\right]_{\text{wall}} = 0$。为规定边界处 $\partial\phi/\partial y$,利用壁面内的虚拟 ϕ。此情况下,有

$$v_{i,\frac{1}{2}}^{n+1} = v_{i,\frac{1}{2}}^P - \Delta t \frac{-\hat{\phi}_{i,0} + \phi_{i,1}}{\hat{\Delta} y_{\frac{1}{2}}} \tag{3.201}$$

式中,

$$\hat{\Delta} y_{\frac{1}{2}} = \frac{\Delta y_0 + \Delta y_1}{2} = \Delta y_1 \tag{3.202}$$

由于已经给出式(3.200)的边界条件,故不应改变 $v_{i,\frac{1}{2}}^P$。必须保持以下等式不变:

$$\hat{\phi}_{i,0} = \phi_{i,1} \tag{3.203}$$

然后将 $\hat{\phi}_{i,0}$ 的外推值插入式(3.87)在 y 方向有限差分的边界单元:

$$\frac{\partial^2 \phi}{\partial y^2}\bigg|_{i,1} = B_{y,1}^- \hat{\phi}_{i,0} - (B_{y,1}^- + B_{y,1}^+)\phi_{i,1} + B_{y,1}^+ \phi_{i,2} \tag{3.204}$$

注意,这里不需要分配虚拟 $\hat{\phi}_{i,0}$,因为式(3.203)可与式(3.204)结合得到

$$\frac{\partial^2 \phi}{\partial y^2}\bigg|_{i,1} = B_{y,1}^+ (-\phi_{i,1} + \phi_{i,2}) \tag{3.205}$$

上式可节省一些内存分配。

应仔细检查规定上述边界条件的含义。也就是说,存在通过上述算法确定的变量 P 是否与物理压力相等的问题。当壁面速度无滑移($u = v = w = 0$)时,壁面法向压力梯度变为

非零：

$$\frac{\partial P}{\partial y} = \nu \frac{\partial^2 v}{\partial y^2} \tag{3.206}$$

上式基于 N-S 方程。然而，只要使用式(3.203)，则 $\partial P/\partial y = 0$。这种不兼容性可通过式(3.200)得到，式(3.200)用于求解 SMAC 法中沿边界的预测速度 $\boldsymbol{v}^P$，而不是使用 N-S 方程对边界速度时间积分得到。因为使用的是平衡的黏度项与压力项下一时间步的速度，所以必须在数值算法中将修正 ϕ 的梯度设为零。

有些情况下，分步法的中间步给出了下一步的边界条件，而不需使用式(3.11)。正如 3.3.2 节中提及的，分步速度 v^F 包含黏度的影响，但不包含压力梯度的影响，因此不是物理速度。考虑在该步骤中应用物理边界条件的结果。在计算域内部，中间速度场中考虑压力梯度影响将流场推进到下一时间步。在边界处，已经为中间速度提供了下一个时间步长的边界条件，并且沿边界**进行不变性处理**。内部区域和边界之间的速度是不同的。因此，沿着边界的 ∇P 的处理方式与内部域的处理方式不同。

分步法和 SMAC 法中求解的变量 P 对应于作为数值计算中所需的压力和势函数之和的标量势。数值计算所需要的是确保边界条件和内部流动条件之间的兼容性，并消除当前时间步长连续性方程中的误差。

当需要物理压力时，可以在式(1.40)的右侧给出无发散速度场：

$$\nabla^2 P = -\nabla \cdot \nabla \cdot (\boldsymbol{uu}) + \nabla \cdot \boldsymbol{f} \tag{3.207}$$

式中，对于常数 ρ，设 $P = p/\rho$，并规定固体边界条件，如式(3.206)。可以求解上述压力泊松方程以得到物理压力场。为获得物理压力场的准确近似，应该沿着包括黏度项的式(3.11)的边界来预测 $v^P_{i,\frac{1}{2}}$。可以通过在 ϕ 上的边界条件修正边界速度，并使用近似的外推 $\hat{\phi}_{i,0}$ 使得下一时间步的速度变为 $v^{n+1}_{i,\text{wall}}$，即

$$v^{n+1}_{i,\text{wall}} = v^P_{i,\frac{1}{2}} - \Delta t \frac{-\hat{\phi}_{i,0} + \phi_{i,1}}{\hat{\Delta} y_{\frac{1}{2}}} \tag{3.208}$$

这里的问题是壁面上 $\nu \partial^2 v/\partial y^2$ 的数值精度。如 2.3.1 节所述，使用单侧差分会降低精度。因此，必须采用比内腔中模板边界更宽的模板以保持所需的精度。

角落周围的流动的处理：围绕在 $(x_{i-\frac{1}{2}}, y_{j-\frac{1}{2}})$ 处静止壁面拐角处的流动，如图 3.18(a)所示。从边界条件 $u_{i-\frac{1}{2}, j-1} = v_{i-1, j-\frac{1}{2}} = 0$，使用 3.5 节中描述的方法，确定拐角处的速度 $u_{i-\frac{1}{2}, j}$ 和 $v_{i, j-\frac{1}{2}}$。以散度或梯度形式投射对流项时，需要分别评估拐角处的 $\left[\overline{u}^y \overline{v}^x\right]_{i-\frac{1}{2}, j-\frac{1}{2}}$ 或者 $\left[\overline{u}^y \delta_x v\right]_{i-\frac{1}{2}, j-\frac{1}{2}}$。如果构建满足兼容性和守恒性的离散算子，就必须有

$$\left[\bar{u}^{y}\right]_{i-\frac{1}{2},j-\frac{1}{2}}=\frac{u_{i-\frac{1}{2},j-1}+u_{i-\frac{1}{2},j}}{2}, \quad \left[\delta_{y}u\right]_{i-\frac{1}{2},j-\frac{1}{2}}=\frac{-u_{i-\frac{1}{2},j-1}+u_{i-\frac{1}{2},j}}{\Delta y} \left.\begin{array}{r}\\\\\\\\\end{array}\right\} \quad (3.209)$$

$$\left[\bar{v}^{x}\right]_{i-\frac{1}{2},j-\frac{1}{2}}=\frac{v_{i-1,j-\frac{1}{2}}+v_{i,j-\frac{1}{2}}}{2}, \quad \left[\delta_{x}v\right]_{i-\frac{1}{2},j-\frac{1}{2}}=\frac{-v_{i-1,j-\frac{1}{2}}+v_{i,j-\frac{1}{2}}}{\Delta x}$$

但是,为了在拐角处执行 $u=0$ 和 $v=0$ 的边界条件,应有

$$\left[\bar{u}^{y}\right]_{i-\frac{1}{2},j-\frac{1}{2}}=0, \quad \left[\delta_{y}u\right]_{i-\frac{1}{2},j-\frac{1}{2}}=\frac{2u_{i-\frac{1}{2},j}}{\Delta y} \left.\begin{array}{r}\\\\\\\\\end{array}\right\}$$

$$\left[\bar{v}^{x}\right]_{i-\frac{1}{2},j-\frac{1}{2}}=0, \quad \left[\delta_{x}v\right]_{i-\frac{1}{2},j-\frac{1}{2}}=\frac{2v_{i,j-\frac{1}{2}}}{\Delta x} \quad (3.210)$$

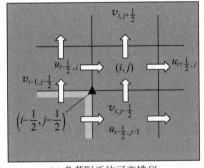

(a) 角落附近的可变排列　　　　　(b) 交错网格的几何表示

图 3.18　拐角附近的交错网格排列

　　因此,观察到不能同时满足期望的性质和边界条件。式(3.209)不满足角落处的速度边界条件,式(3.210)不符合 3.5 节讨论的兼容性和守恒性。由于兼容性和守恒性非常重要,故不能盲目采用式(3.210)。如果考虑到图 3.18(b)所示的被去掉的角落,这个困难就可以解决。因此,保持兼容性的同时,在交错网格的框架下实际壁面角落处的边界条件不能精确地实现。

3.8.3　流入和流出边界条件

1. 流入条件

　　对于流入条件,常给定 $x_{\frac{1}{2}}$ 处的速度 $u_{\frac{1}{2},j}$(参见图 3.16)。为模拟管道、导管和通道中的流动,可以使用解析解、数值解或实验测量的方法来确定完全发展的速度剖面流入条件。模拟湍流的情况时,还需要处理入口处的湍流应力。否则,由于动量方程的不平衡,流体可能在入口下游以非物理方式运动。

对于确定的半无限域边界层的流入边界条件应谨慎处理。对于理想的边界层厚度,可以将 Blasius 轮廓用于计算平面上的层流边界层,如图 3.19 所示。图中,U 是自由流动速度,x 是到边缘的流向距离,$Re_x = Ux/\nu$。该解是一个不断增长的边界层的自相似解。注意,Blasius 轮廓也具有图 3.19 所示的垂直分量 v,也需要在入口处提供。

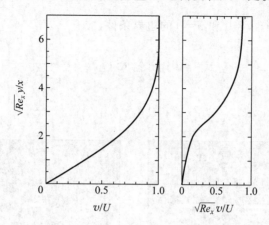

图 3.19　层状平板边界层的速度分布

许多情况下,仅使用 Blasius 法指定流向速度分布,垂直分量设为零。然而,仅指定流向速度会使控制方程不守恒,并且可能导致入口边界附近的解出现错误。即使指定垂直速度,也应该指定远场边界条件,以确保流入和流出计算域之间不存在质量不平衡。

指定入口条件对许多问题来说可能是个挑战。为确保流动预测的正确性,必须在上游提供足够的起动区域以允许流量在到达被检流体区域之前变得平缓。

2. 平流(对流)流出条件

图 3.16 中,$x_{N_x + \frac{1}{2}}$ 处,流出边界条件为 $u_{N_x + \frac{1}{2}, j}$ 通常是未知的。流出条件应该随时间变化,以保证涡旋结构完整地退出计算域而不会返回到内部域中或扰乱内部域中的解。

为了确定图 3.16 中的流出速度曲线,可以利用对流流出条件:

$$\frac{\partial u_i}{\partial t} + u_m \frac{\partial u_i}{\partial x} = 0 \tag{3.211}$$

式中,u_m 是出口的特征对流速度。式(3.211)为 u_i 的对流方程。边界速度是通过将 x 方向上的速度参数 $\Delta t u_m$ 调整到边界位置来计算的。

参考图 3.20(a),可以近似对流流出条件,式(3.211)具有一级迎风差分:

$$u^{n+1}_{N_x + \frac{1}{2}, j} + u^n_{N_x + \frac{1}{2}, j} - \Delta t u_m \frac{- u^n_{N_x - \frac{1}{2}, j} + u^n_{N_x + \frac{1}{2}, j}}{\Delta x_{N_x}} \tag{3.212}$$

上式与线性插值 $u^{n+1}(x_{N_x + \frac{1}{2}}, y) = u^n(x_{N_x + \frac{1}{2}} - \Delta t u_m, y)$ 相对应,为保持全局守恒(整个

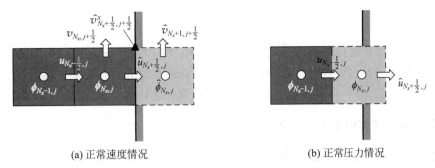

(a) 正常速度情况   (b) 正常压力情况

图 3.20   正常速度情况下流出边界附近的网格和有限差分模板以及正常压力情况下流出边界附近的
网格和有限差分模板

计算域的质量守恒),对流速度 u_m 是常数。u_m 有较好的选择,例如,可以将 u_m 设为流出边界的平均对流速度、最小值和最大值之间的平均值,或特征对流速度。

考虑黏度影响的流出条件为

$$\frac{\partial u_i}{\partial t} + u_m \frac{\partial u_i}{\partial x} = \nu \left(\frac{\partial^2 u_i}{\partial x^2} + \frac{\partial^2 u_i}{\partial y^2} \right) \tag{3.213}$$

上式给出了边界处流出动力学的近似值。导数 $\partial^2 u_i / \partial y^2$ 可以用中心差分格式进行评估,但是 $\partial^2 u_i / \partial x^2$ 需要用迎风法来计算。注意,用上述对流边界条件进一步模拟 N-S 方程没有改善模拟结果。某些情况下,总体守恒会遭到破坏。例如,如果在下式中使用瞬时速度值 (u, v):

$$\frac{\partial u_i}{\partial t} + u \frac{\partial u_i}{\partial x} + v \frac{\partial u_i}{\partial y} = \nu \left(\frac{\partial^2 u_i}{\partial x^2} + \frac{\partial^2 u_i}{\partial y^2} \right) \tag{3.214}$$

出口附近的解会变成非物理量。

接下来,讨论与出口边界相切的速度 $\boldsymbol{v}$ 的对流边界条件。由于交错网格的布置,速度 $\boldsymbol{v}$ 不沿着出口边界分布。可以用 $v^{n+1}_{N_x, j+\frac{1}{2}}$(域内)、$\bar{v}^x_{N_x+\frac{1}{2}, j+\frac{1}{2}}$(插值边界)和 $\hat{v}^{n+1}_{N_x+1, j+\frac{1}{2}}$(外部虚拟值)来设置对流边界条件。计算域内的速度值应由动量方程确定。计算 $v_{N_x, j+\frac{1}{2}}$ 时,边界处的速度值 $\bar{v}^x_{N_x+\frac{1}{2}, j+\frac{1}{2}}$ 和 $[\delta_x v]_{N_x+\frac{1}{2}, j+\frac{1}{2}}$ 是必要的。因此,应指定计算边界或其下游边界条件。使用对流边界条件,即式(3.211)或式(3.213),得到 $\hat{v}^{n+1}_{N_x+1, j+\frac{1}{2}}$。由式(3.211)的一阶迎风差分法得到

$$\hat{v}^{n+1}_{N_x+1, j+\frac{1}{2}} = \hat{v}^n_{N_x+1, j+\frac{1}{2}} - \Delta t u_m \frac{-v^n_{N_x, j+\frac{1}{2}} + \hat{v}^n_{N_x+1, j+\frac{1}{2}}}{\hat{\Delta} x_{N_x+1}} \tag{3.215}$$

式中,虚拟单元格的宽度设置为 $\hat{\Delta} x_{N_x+1} = \Delta x_{N_x}$。一旦计算出速度 $\hat{v}$,就可以求解内部速度值的边界评估插值 $\bar{v}^x$ 和差分 $[\delta_x v]$。

对于稳定流量,诺依曼边界条件对应于无流向梯度:

$$\frac{\partial u_i}{\partial x} = 0 \tag{3.216}$$

上式通常表示流动在完全发展的模式下退出计算域。这种边界条件不应在不稳定流动的外部边界处使用。因为在不稳定流动计算中,时间变化减少时会得到稳定流量,因此在流动发展时不使用式(3.216)。当达到稳态时,式(3.211)简化为式(3.216)。

3. 具有规定速度的压力边界条件

指定入口或出口的法向速度条件与规定固体边界的速度类似。SMAC 法给出了中间速度 u^P 的下一时间步的速度 u^{n+1} 的流入及流出条件。这种情况下,可以将 ϕ 的法向梯度设为零,使其不影响下一时间步的速度。

流入和流出边界处的实际压力梯度不一定为零。这类似 3.8.2 节提出的固体边界条件的讨论。零压力梯度条件使用两个不同的方程来预测由边界条件引起并且通过动量方程演化的速度。SMAC 法中,P 包括压力以及标量势。

MAC 法中,为使 P 接近于 SMAC 法的实际压力,执行以下操作。首先,在出口处用 N-S 方程预测速度 $u^P_{N_x+\frac{1}{2},j}$。然后选择一个边界条件,使 ϕ 的梯度能够使速度 $u^{n+1}_{N_x+\frac{1}{2},j}$ 满足平流/对流边界条件式(3.211)和式(3.213)。也就是说,下面的等式给出了 $\hat{\phi}_{N_x+1,j}$ 的一个推算方程:

$$u^{n+1}_{N_x+\frac{1}{2},j} = u^P_{N_x+\frac{1}{2},j} - \Delta t \frac{-\phi_{N_x,j} + \hat{\phi}_{N_x+1,j}}{\hat{\Delta}x_{N_x+\frac{1}{2}}} \tag{3.217}$$

即使预测基于 N-S 方程,计算结果与内部解也有些不同,这是因为计算中使用的模板是片面的。对于实际的压力解,应通过满足不可压缩性和物理压力边界条件的速度场来求解压力方程。

另一个与使用零梯度压力条件相关的问题是压力求解器的收敛速度降低。使用狄利克雷条件可以更快地收敛。根据动量方程,压力梯度为

$$\frac{\partial P}{\partial x} = -\frac{\partial u}{\partial t} - u\frac{\partial u}{\partial x} - v\frac{\partial u}{\partial y} + \nu\left(\frac{\partial^2 u}{\partial x^2} + \frac{\partial^2 u}{\partial y^2}\right) \tag{3.218}$$

将式(3.213)代入上述关系,发现

$$\frac{\partial P}{\partial x} = -(u - u_m)\frac{\partial u}{\partial x} - v\frac{\partial u}{\partial y} \tag{3.219}$$

现在,考虑将其用作流出边界条件。可以使用迎风差分法计算上式右侧,且设上式左侧为 $(-P^{n+1}_{N_x,j} + \hat{P}^{n+1}_{N_x+1,j})/\hat{\Delta}x_{N_x+\frac{1}{2}}$。当然,当求解内部压力场时,$P^{n+1}_{N_x,j}$ 是未知的。如果该值可以以某种方式预测,式(3.219)将成为 $\hat{P}^{n+1}_{N_x+1,j}$ 的外推公式,可以将其用作泊松方程的狄利克雷条件。Miyauchi 等提出了使用压力输运方程模型:

$$\frac{\partial P}{\partial t} + u_{\mathrm{m}} \frac{\partial P}{\partial x} = \frac{\nu}{2} \omega^2 \tag{3.220}$$

以预测压力值 $P_{N_x,j}^{n+1}$。式中,ω 是涡度。他们已经证明使用这种边界条件可以得到合理的解决方案。在他们的工作中,采用了不同类型的网格和差分方法,并提供了如何以不同方法实现狄利克雷边界条件的细节。

4. 流出边界条件与规定的压力

沿边界的压力可以规定为**狄利克雷**边界条件。这种情况下,对于分步法,压力边界条件适用于 P^{n+1},对于 SMAC 法,适用于 $\phi = P^{n+1} - P^n$。与整个边界采用诺依曼条件相比,应用狄利克雷条件(甚至沿着边界的一部分)时,压力泊松方程的数值解收敛得更快。

狄利克雷条件的规范可以被强制在第 N 个与边界相邻的网格,如图 3.20(a)所示。或在与边界对准的压力位置处,如图 3.20(b)所示。

如图 3.20(a)所示,要指定出口边界处的压力,需要将 $\hat{\phi}_{N_x+1,j}$ 代入压力方程,使($\phi_{N_x,j}$ + $\hat{\phi}_{N_x+1,j}$)/2 满足期望的边界条件。利用基于对流边界条件的外推式(3.215),并对虚拟网格 (N_x+1,j) 使用下面的连续性方程来计算 $\hat{v}_{N_x+\frac{3}{2},j}$:

$$\hat{u}_{N_x+\frac{3}{2},j} = -u_{N_x+\frac{1}{2},j} - \widetilde{\Delta} x_{i+1} \frac{-\hat{v}_{N_x+1,j-\frac{1}{2}} - \hat{v}_{N_x+1,j+\frac{1}{2}}}{\Delta y_j} \tag{3.221}$$

对于边界值速度 $u_{N_x+\frac{1}{2},j}$,可采用必要的值进行动量方程的有限差分计算。

对于图 3.20(b)所示的排列,可以直接访问数值 $\hat{\phi}_{N_x,j}$。从网格 (N_x,j) 的连续性方程可以推算:

$$u_{N_x+\frac{1}{2},j} = -u_{N_x-\frac{1}{2},j} - \Delta x_i \frac{-v_{N_x,j-\frac{1}{2}} + v_{N_x,j+\frac{1}{2}}}{\Delta y_j} \tag{3.222}$$

如果基于对流边界条件,即式(3.215)来推算 $\hat{v}_{N_x+1,j+\frac{1}{2}}^{n+1}$,在整个动量方程中,有计算边界速度 $v_{N_x,j+\frac{1}{2}}$ 的所有必要条件。

3.8.4　远场边界条件

当模拟流过实体的均匀流动时,通常使用均匀流动作为远场边界条件。如图 3.16 所示,速度 $v_{i,N_y+\frac{1}{2}}$ 可以设为远场边界位置 $y_{N_y+\frac{1}{2}}$ 处的流速。然而,当远场边界 $y_{N_y+\frac{1}{2}}$ 未被放置得远离物体时,指定均匀流动作为边界条件则不合适。实际上,整个远场边界都存在非零流($v \neq 0$)。对于边界层流动,边界层可将流出的流体排除在计算域外(见图 3.14(c))。由于射流引起的流体夹带可能导致流动从远场被引入计算域(见图 3.14(d)),因此流经整个远场边界的流动可以影响全局流场。远场速度分布通常是未知的，应该被确定为计算的一部分。

无牵引力的边界条件可以适应远场流动。思考如何使用图 3.21 来实现无牵引力的边界条件。无牵引力的边界条件就是假设计算边界上的流体单元上没有应力。用 **n** 表示沿着远场边界的向外的法向单位向量，若

$$T \cdot n = 0, \text{ 以指示符号表示为 } T_{ij}n_j = 0 \tag{3.223}$$

则上式为无牵引力的边界条件。对于图 3.21 所示二维域中的 $y = y_{N_y + \frac{1}{2}}$ 处的边界，由于 $n = (0, 1)$，则式（3.223）变为

$$T_{xy} = \nu \left(\frac{\partial u}{\partial y} + \frac{\partial v}{\partial x} \right) = 0 \tag{3.224}$$

$$T_{yy} = -P + 2\nu \frac{\partial v}{\partial y} = 0 \tag{3.225}$$

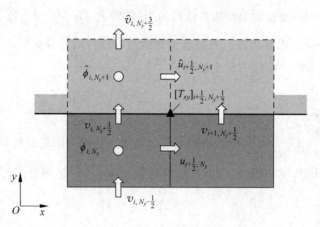

图 3.21　与远场边界相邻的有限差分网格

对于二维流，当有 3 个变量（u、v 和 P）时，只有两个边界条件，对于三维流，当有 4 个变量（u、v、w 和 P）时，只有 3 个边界条件。因此，必须分别指定式中一个变量。大多数情况下，将压力值设定为常数值（例如零）。

在图 3.21 中，对 $[T_{xy}]_{i+\frac{1}{2}, N_y + \frac{1}{2}}$ 使用式（3.224）较为合适。将式（3.224）离散化可得

$$\frac{-u_{i+\frac{1}{2}, N_y} + \hat{u}_{i+\frac{1}{2}, N_y + 1}}{\widetilde{\Delta y}_{N_y + \frac{1}{2}}} + \frac{-v_{i, N_y + \frac{1}{2}} + v_{i+1, N_y + \frac{1}{2}}}{\widetilde{\Delta x}_{i+\frac{1}{2}}} = 0 \tag{3.226}$$

由式（3.226）能推导出 $\hat{u}_{i+\frac{1}{2}, N_y + 1}$。对于式（3.225），在边界外采用 $\hat{P}_{i, N_y + 1}$ 或沿着边界采用 $v_{i, N_y + \frac{1}{2}}$ 的选择是十分灵活的。前一位置的选择建议：

$$-\hat{P}_{i,N_y+1} + 2\nu \frac{-v_{i,N_y+\frac{1}{2}} + \hat{v}_{i,N_y+\frac{3}{2}}}{\widetilde{\Delta}y_{N_y+1}} = 0 \tag{3.227}$$

作为离散化。这种关系需要由边界外指定的 $\hat{P}_{i,N_y+1}$ 或者 $\hat{v}_{i,N_y+\frac{3}{2}}$ 其中一个推断另一个。虚拟网格 $\widetilde{\Delta}y_{N_y+1}$ 的宽度可以任意给定。大多数情况下,只需设 $\widetilde{\Delta}y_{N_y+1} = \Delta y_{N_y}$,且在式(3.226)中设 $\widetilde{\Delta}y_{N_y+1} = \Delta y_{N_y}$。通过式(3.226)推导 $\hat{u}$,可以利用连续性方程:

$$\frac{-\hat{u}_{i-\frac{1}{2},N_y+1} + \hat{u}_{i+\frac{1}{2},N_y+1}}{\Delta x_i} + \frac{-v_{i,N_y+\frac{1}{2}} + \hat{v}_{i,N_y+\frac{3}{2}}}{\widetilde{\Delta}y_{N_y+1}} = 0 \tag{3.228}$$

利用式(3.228)计算域之外的单元 (i, N_y),确定 $\hat{v}_{i,N_y+\frac{3}{2}}$。由于满足虚拟网格的不可压缩性不是必要的,故可确定 $\hat{P}_{i,N_y+1}$。

　　检验离散动量方程所需要的分量,并讨论如何并入边界条件。对于散度形式,需要评估

$$\left[\delta_x(-P - \bar{u}^x\bar{u}^x + 2\nu\delta_x u) + \delta_y(-\bar{u}^y\bar{v}^x + \nu\{\delta_y u + \delta_x v\})\right]_{i+\frac{1}{2},j} \tag{3.229}$$

$$\left[\delta_x(-\bar{u}^y\bar{v}^x + \nu\{\delta_y u + \delta_x v\}) + \delta_y(-P - \bar{v}^y\bar{v}^y + 2\nu\delta_y v)\right]_{i,j+\frac{1}{2}} \tag{3.230}$$

式中,对于计算域外的位置 $[T_{xy}]_{i+\frac{1}{2},N_y+\frac{1}{2}}$ 和 P_{i,N_y+1} 的表达式分别为 $-\bar{u}^y\bar{v}^x + \nu\{\delta_y u + \delta_x v\}$ 和 $-P - \bar{v}^y\bar{v}^y + 2\nu\delta_y v$。对于梯度形式,使用

$$\left[-\delta_x P - \overline{\bar{u}^x\delta_x u}^x - \overline{\bar{v}^x\delta_y u}^y + \nu\{\delta_x(\delta_x u) + \delta_y(\delta_y u)\}\right]_{i+\frac{1}{2},j} \tag{3.231}$$

$$\left[-\delta_y P - \overline{\bar{u}^y\delta_x v}^x - \overline{\bar{v}^y\delta_y v}^y + \nu\{\delta_x(\delta_x v) + \delta_y(\delta_y v)\}\right]_{i,j+\frac{1}{2}} \tag{3.232}$$

式中,对于位置 $[T_{xy}]_{i+\frac{1}{2},N_y+\frac{1}{2}}$ 处,需要 $\bar{u}^y$、$\bar{v}^x$ 和 $\delta_y u$;对于位置 P_{i,N_y+1} 处,需要 P、$\bar{v}^y$ 和 $\delta_y v$。可以直接用散度形式施加无牵引力的边界条件。在任何情况下,给出式(3.226)和式(3.227)的 $\hat{u}$、$\hat{u}$ 和 $\widetilde{P}$,所有的成分都可以整合到动量方程中去。

3.8.5　初始条件

　　对于初始条件,理想情况是提供一个接近理想解的流场并离散地满足连续性方程。然而这非常困难,因为选择初始条件没有经验法则。可以让初始流场静止并规定瞬时边界条件,或者增加外力来推进数值解。大多数情况下,流体可以得到所需的稳态解。即使提供的初始条件不满足不可压缩性,通过正确使用 MAC 法可以消除连续性误差。该方法的结构可以抑制这种误差。

尽管如此,如果我们提供一个非物理的初始条件与不合适的质量或动量平衡,则流场在达到完全发展之前可能会出现爆破解。必须考虑较小的时间步长或逐渐增加雷诺数,使数值流场以稳定的方式达到稳定流量(完全发展的流动)。然而,以这种方式开始模拟是不合适的,因为在得到物理解之前,很可能需要更长的时间。许多情况下,流体物理学的经验和知识可以用于选择适当的初始条件。

　　最重要的是,模拟(稳态或完全发展的流动)的最终结果不包含使用人工初始条件产生的结果。

3.9　高阶精确空间离散化

3.9.1　高阶精度有限差分

　　本节中,通过采用高阶精度的有限差分法来提高空间精度以对不可压缩流进行数值求解。二阶插值和差分分别是

$$[\bar{u}^x]_i = \frac{u_{i-\frac{1}{2}} + u_{i+\frac{1}{2}}}{2} \tag{3.233}$$

$$[\delta_x u]_i = \frac{-u_{i-\frac{1}{2}} + u_{i+\frac{1}{2}}}{\Delta x} \tag{3.234}$$

对于四阶精度插值和差分,有

$$[\bar{u}^x]_i = \frac{-u_{i-\frac{3}{2}} + 9u_{i-\frac{1}{2}} + 9u_{i+\frac{1}{2}} - u_{i+\frac{3}{2}}}{16} \tag{3.235}$$

$$[\delta_x u]_i = \frac{u_{i-\frac{3}{2}} - 27u_{i-\frac{1}{2}} + 27u_{i+\frac{1}{2}} - u_{i+\frac{3}{2}}}{24\Delta x} \tag{3.236}$$

为得到六阶精度,可以使用

$$[\bar{u}^x]_i = \frac{3u_{i-\frac{5}{2}} - 25u_{i-\frac{3}{2}} + 150u_{i-\frac{1}{2}} + 150u_{i+\frac{1}{2}} - 25u_{i+\frac{3}{2}} + 3u_{i+\frac{5}{2}}}{256} \tag{3.237}$$

$$[\delta_x u]_i = \frac{-9u_{i-\frac{5}{2}} + 125u_{i-\frac{3}{2}} - 2250u_{i-\frac{1}{2}} + 2250u_{i+\frac{1}{2}} - 125u_{i+\frac{3}{2}} + 9u_{i+\frac{5}{2}}}{1920\Delta x} \tag{3.238}$$

　　对于交错网格,中心差分格式使用中点数据,如±1/2、±3/2、±5/2、…,如上所示(带有偶数点)。对于具有四阶精度的对流项(奇数点,包括$0 \times u_i$),使用带有±1、±2、±3、…点的模板:

$$[\delta'_x u]_i = \frac{u_{i-2} - 8u_{i-1} + 8u_{i+1} - u_{i+2}}{12\Delta x} \tag{3.239}$$

对于六阶精度：

$$[\delta'_x u]_i = \frac{-u_{i-3} + 9u_{i-2} - 45u_{i-1} + 45u_{i+1} - 9u_{i+2} + u_{i+3}}{60\Delta x} \tag{3.240}$$

不推荐使用。

上述高阶公式可将空间精度阶数增加到所需的水平。应该意识到，可能遇到以下两个问题。首先，离散差异的兼容性可能被破坏。虽然通过适当地调整边界可以保持整体守恒，但另一方面局部守恒也许不成立。其次，上述的中心差分方法需要计算域之外的附加点。接下来，针对这两个问题进行讨论。

3.9.2 对流项高阶有限差分的兼容性

用高阶精确离散来检验对流项的兼容性（一致性和守恒性）。首先回顾一下式(3.185)中所示的均匀网格的对流项的二阶中心差分。对于散度形式，离散化变为

$$C_i = -\delta_{x_j}(\bar{u}_j^{x_i} \bar{u}_i^{x_j}) \tag{3.241}$$

对于梯度（对流）形式，有

$$C_i = -\overline{\bar{u}_j^{x_i} \delta_{x_j} u_i}^{x_j} \tag{3.242}$$

原则上，使用式(3.235)和式(3.236)得到四阶精度，使用式(3.237)和式(3.238)达到六阶精度。然而，3.5.1节讨论的兼容性和守恒性在局部不再成立。

Morinishi 提出了一种能够达到高精度并保持兼容性和守恒性的方法。为方便讨论，在任意的模板宽度上定义以下两点插值和差分算子：

$$[\bar{f}^{mx}]_j = \frac{f_{j-\frac{m}{2}} + f_{j+\frac{m}{2}}}{2}, \quad [\delta_{mx}f]_j = \frac{-f_{j-\frac{m}{2}} + f_{j+\frac{m}{2}}}{m\Delta x} \tag{3.243}$$

使用这些符号，可以将二阶运算简化为 $\bar{f}^x = \bar{f}^{1x}$ 和 $\delta_x f = \delta_{1x} f$。但是，对于四阶精度的方程，有

$$\bar{f}^x = \frac{9}{8}\bar{f}^{1x} - \frac{1}{8}\bar{f}^{3x} \tag{3.244}$$

$$\delta_x f = \frac{9}{8}\delta_{1x} f - \frac{1}{8}\delta_{3x} f \tag{3.245}$$

对于六阶精度的方程，有

$$\bar{f}^x = \frac{150}{128}\bar{f}^{1x} - \frac{25}{128}\bar{f}^{3x} + \frac{3}{128}\bar{f}^{5x} \tag{3.246}$$

$$\delta_x f = \frac{150}{128}\delta_{1x} f - \frac{25}{128}\delta_{3x} f + \frac{3}{128}\delta_{5x} f \tag{3.247}$$

对于散度形式，式(3.241)根据选择的差分模板 δ_{x_j} 选择输送质量为 $\bar{u}_i^{x_i}$ 的差值格式。对于

四阶格式,有

$$\frac{\partial(u_j u_i)}{\partial x_j} = \frac{9}{8}\delta_{1x_j}(\overline{u_j^{x_i}}\,\overline{u_i}^{1x_j}) - \frac{1}{8}\delta_{3x_j}(\overline{u_j^{x_i}}\,\overline{u_i}^{3x_j}) \tag{3.248}$$

对于六阶格式,有

$$\frac{\partial(u_j u_i)}{\partial x_j} = \frac{150}{128}\delta_{1x_j}(\overline{u_j^{x_i}}\,\overline{u_i}^{1x_j}) - \frac{25}{128}\delta_{3x_j}(\overline{u_j^{x_i}}\,\overline{u_i}^{3x_j}) + \frac{3}{128}\delta_{5x_j}(\overline{u_j^{x_i}}\,\overline{u_i}^{5x_j}) \tag{3.249}$$

对于梯度形式,式(3.242)基于插值方法$\overline{(\ )}^j$的选择来选择输运变量$\delta_{x_j}u_i$的差分。对于四阶格式,有

$$u_i\frac{\partial u_i}{\partial x_j} = \frac{9}{8}\overline{\overline{u_j^{x_i}}\delta_{1x_j}\overline{u_i}}^{1x_j} - \frac{1}{8}\overline{\overline{u_j^{x_i}}\delta_{3x_j}\overline{u_i}}^{3x_j} \tag{3.250}$$

对于六阶格式,有

$$u_j\frac{\partial u_i}{\partial x_j} = \frac{150}{128}\overline{\overline{u_j^{x_i}}\delta_{1x_j}u_i}^{1x_j} - \frac{25}{128}\overline{\overline{u_j^{x_i}}\delta_{3x_j}u_i}^{3x_j} + \frac{3}{128}\overline{\overline{u_j^{x_i}}\delta_{5x_j}u_i}^{5x_j} \tag{3.251}$$

在这些形式中,应观察到,对流速度$\overline{u_j}^{x_i}$的插值保持不变。拓展这些方法可以提供更高阶精度的中心差分格式。

上述方法可以满足兼容性。也就是说,式(3.248)和式(3.250)以及式(3.249)和式(3.251)可以得到相同的结果。另外,说明二次守恒可以达到。此外,还达到了所需的精度水平。

对于非均匀网格的高阶精度离散,可以利用3.5.2节中关于散度和梯度形式(式(3.140)和式(3.141))的方法来离散$\overline{u_j}^{\xi^k}$和$\delta_{\xi^k}u_i$。

3.9.3　高阶精度格式的边界条件

当采用高阶精度格式时,边界附近的差分模板可以延伸到计算域之外(例如,进入墙壁)。在此,讨论如何在计算边界附近修改有限差分模板。

如图3.22所示,沿着y轴的六点模板与壁面边界相交。沿着边界$(u_{i+\frac{1}{2},\frac{1}{2}})$的速度$\boldsymbol{u}$,由于交错网格的排列而没有定义。离散动量方程需要评估插值$[\overline{u}^y]_{i+\frac{1}{2},\frac{1}{2}}$和差分$[\delta_y u]_{i+\frac{1}{2},\frac{1}{2}}$。为用高阶精度插值和差分计算这些项,模板上的一些点可以扩展到计算域外。然而,使用内部解来放置虚拟网格以及外推变量的解面临两个困难。首先,即使外部模板尺寸扩大,外推内部解也不会增加自由度,需增加可变独立值的数量以提高方法的准确性,这可从2.3.2节中对有限差分推导的多项式分析中看出。其次,虚拟单元的宽度和形状是任意的,不能轻易确定是否存在虚拟单元的最佳布置方式。在计算域之外放置多个虚拟单元可能并没有用。

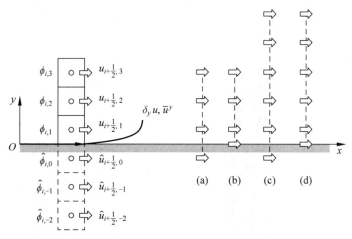

图 3.22　构建高阶精度有限差分格式模板的方法(对于变量不在边界的情况)

如图 3.22(a)～(d)所示,基于上述论点,边界附近的模板有 4 种选择,取决于虚拟网格的使用情况以及模板的大小。对于图 3.22(a)、(c),通过放置单个额外边界条件给出其变量值的虚拟网格。在图 3.22(b)、(d)的情况下,尽管间距是非均匀的,还是采用直接给出边界条件模板的方法。除了计算域以外的相邻小区域的所有模板点,在图 3.22(a)、(b)中都予以省略。对于图 3.22(c)、(d),添加额外的内部点以补充计算域外的点数(即被移除的点)。为满足狄利克雷边界条件使用了图 3.22(b)的模板,在固体边界处给定$[u]_\text{wall}$,并对诺依曼边界条件使用图 3.22(a)的模板,$[\partial u/\partial y]_\text{wall}$ 在滑移边界或远场边界处给出。做出这种选择的原因是为避免对宽的单边模板使用具有较大波动的有限差分系数。基于经验,与保持相同模板宽度的图 3.22(c)、(d)相比,这些模板的选择似乎不会使四阶或更高阶精度方法的精度降低。

由于压力 $P_{i,j}$ 位于网格中心,所以沿边界没有定义压力。当渗透速度被当作入口、出口或者壁面的边界条件给出时,可以指定诺依曼压力条件$[\partial p/\partial y]_\text{wall}$。因此可以使用图 3.22(a)所示模板,也可以使用相同的模板来给定压力的狄利克雷边界条件。

接下来,考虑图 3.23 所示的壁面法向速度分量**v** 所需的插值和差分。虽然这个速度分量位于边界,但使用动量和连续性方程需要单元中心内的插值 $[\bar{v}^y]_{i,1}$ 和差分$[\delta_y v]_{i,1}$。由于直接利用壁面速度$[v]_\text{wall}$,所以不需要推算虚拟网格值。因此,可以选择移除计算域以外的网格(图 3.23(a))或宽度不变的单面侧模板(图 3.23(b)),故选择使用图 3.23(a)所示模板。

对于边界附近的高阶精确有限差分的处理,还没有一个公认的规律。本节描述的内容仅作为参考。

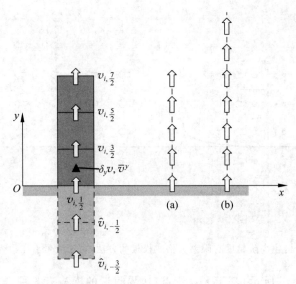

图 3.23　构建高阶精度有限差分格式模板的方法（对于变量位于边界的情况）

第 4 章

湍流的数值模拟

4.1　引言

对湍流进行数值模拟可得到流场的时间波动和时间平均特征。以非对称扩散器的模拟流动为例,如图 4.1 所示,通过数值求解 N-S 方程得到三维瞬时流场,计算能够捕捉到的流动分离并证明扩散器中存在再循环区域。将计算所得流速曲线与实验测量值进行比较,如图 4.2 所示。

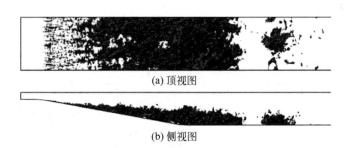

(a) 顶视图

(b) 侧视图

图 4.1　通过 DNS(直接数值模拟)捕获的不对称扩散器瞬时湍流的可视化

虽然时间平均方案能解决许多工程问题,但这并不意味着可以忽略湍流的波动。湍流的非线性特性使得平均流和湍流波动耦合在一起,它会以湍流应力的形式对平均控制方程造成影响。使用湍流应力的模型称为湍流模型,并且数值结果很大程度上依赖于湍流模型的选择,例如扩散器的流动。

湍流由不同尺寸的涡流组成。由于计算资源的限制,直接模拟所有旋涡尺度存在难度。目前还没有发现适用于所有湍流的通用涡流模型。大涡模拟作为这些问题的补救措施,可以解决大尺度涡旋问题,并提供小尺度涡旋模型。接下来讨论模拟湍流的不同方法。

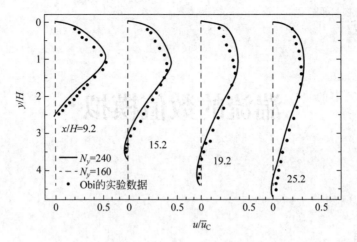

图 4.2   流速剖面计算值与实验测量值的比较

4.2   湍流的直接数值模拟

4.2.1   雷诺数

不可压缩流体的 N-S 方程为

$$\frac{\partial u_i}{\partial t} + \frac{\partial (u_i u_j)}{\partial x_j} = -\frac{1}{\rho}\frac{\partial p}{\partial x_i} + \frac{\partial}{\partial x_j}(2\nu D_{ij}) \tag{4.1}$$

上式左侧的第二项是对流(惯性)项；右侧的第二项是扩散(黏度)项,其中

$$D_{ij} = \frac{1}{2}\left(\frac{\partial u_i}{\partial x_j} + \frac{\partial u_j}{\partial x_i}\right) \tag{4.2}$$

式中,D_{ij} 表示应变张量。将流速和实体尺寸分别作为特征速度 U 和长度 L,基于这些尺度,使得惯性项和黏度项之间的比例变为

$$Re = \frac{U^2/L}{\nu U/L^2} = \frac{UL}{\nu} \tag{4.3}$$

式中,Re 称为雷诺数,是表征黏性流动最重要的无量纲参数。Re 用简单的术语描述湍流,如果 Re 高,那么将表现出不规则的波动。

通过重写式(4.3)得到 Re 的另一个形式:

$$Re = \frac{L^2/V}{L/U} \tag{4.4}$$

该式的分子和分母都具有时间单位,表示流体单元在一段距离 L 内行进的特征时间。黏性扩散和对流传递信息的特征时间尺度分别为 L^2/V 和 L/U。对于高雷诺数流,信息通过对流传播所花费的时间比通过黏性扩散要短得多。

如式(4.3)所示,对于高雷诺数流,黏度项的相对大小与惯性项相比是很大的。然而,这并不意味着黏性效应在湍流中不重要。对于一般的湍流流动,湍流能量必须通过黏性效应产生的热量来消散。湍流越强,就需要损失更多的湍流能量以维持能量平衡。对于高雷诺数流,式(4.3)中的比值仅表示出,与 U 和 L 所定义的尺度相比,黏度项量级是比较小的。

考虑 Re 与湍流中存在的长度尺度之间的关系。假设流动中持续存在湍流波动,湍流能量的供应必须通过湍流能量的耗散来保持平衡。对于湍流能量的供给侧,将每单位时间的湍流能量 ε 供给与由 U 和 L 表示的尾迹尺寸(例如钝体尾迹)相关联。湍流产生的单位能量以 U^2 除以时间 L/U 来表示:

$$\varepsilon = O\left(\frac{U^3}{L}\right) \tag{4.5}$$

考虑在长度尺度 η 上由黏度 ν 所耗散的能量。基于这两个参数,用量纲分析得到能量耗散率为

$$\varepsilon = O\left(\frac{\nu^3}{\eta^4}\right) \tag{4.6}$$

通过平衡湍流能量的供应和耗散,我们发现

$$\frac{L}{\eta} = O(Re^{\frac{3}{4}}) \tag{4.7}$$

这说明发生耗散的长度尺度远小于流动的特征长度尺度 L,其比值 L/η 与 $Re^{3/4}$ 成正比。随着流动雷诺数增加,流动长度尺度范围变得更大。

基于激光诱导荧光成像的低雷诺数与高雷诺数湍流射流的图像如图4.3所示。虽然射流的外观可能相似,但低雷诺数射流缺少高雷诺数射流中的小尺度结构。

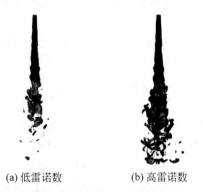

彩图 4.3

(a) 低雷诺数　　　(b) 高雷诺数

图 4.3　雷诺数对射流的影响(对于较高的雷诺数,观察到更宽的长度尺度范围)

4.2.2　全湍流模拟

在空间和时间观察到的不规则的范围很广是湍流的特征之一。较大的涡流产生尺度为 (L, T) 的湍流动能，它被传递到具有 (η, τ) 等级的较小涡旋，直到能量以热量形式消散。能量在各尺度下的流动称为能量梯级。式(4.7)说明，L/η 与雷诺数相关，并且在湍流中具有较大的值。

如果湍流的控制方程可以用足够的空间分辨率和高阶数值精度以及适当的初始值和边界条件进行离散化，那么就可以准确地求解涡流。这种完美的湍流模拟称为完全湍流模拟（full turbulance simulation，FTS）。为了模拟湍流中的所有尺度，计算域必须大于流体 L 的最大特征长度尺度，网格尺寸必须小于最优湍流尺度 η。由于湍流基本上是三维现象，至少需要 $(L/\eta)^3$ 个网格点，与 $Re^{9/4}$ 成正比。

即使对于 10^4 这种相对较低的雷诺数，FTS 也至少需要 $1000^3 = 10^9$ 数量级的网格点。一些大型计算已经执行了 $6.87 \times 10^{10} (= 4096^3)$ 点来模拟周期性边界的均匀湍流，利用 1.74×10^{11} 个点来分析湍流通道流。大多数与工程相关的流动具有复杂的边界几何雷诺数。当从时间求解出发时，因为需要的时间步数量与网格数量在同一个量级来满足数值稳定性，所以计算量就变得巨大。因此，即使使用超级计算机，在大多数模拟中使用 FTS 来求解湍流仍然是不现实的。

即使已经满足必要计算所需的计算资源以及拥有充分模拟湍流的能力，预测湍流依然十分困难，主要是因为难以给定流动中所有尺度涡旋合适的初始条件。在天气预测中，虽然 FTS 可以对大气进行大规模的模拟，但是不可能通过收集天气数据来建立准确的初始条件。即使准确的初始条件是可用的，数值计算也具有离散和舍入的误差。这是因为湍流的控制方程中有非线性产生的误差，初始条件下的最小扰动会随着时间的推移愈发增大，使得计算解与精确解偏离。

捕捉大气流中无秩序本质的系统称为劳伦兹系统，通过图 4.4 具体表示。劳伦兹系统可以用下列方程式来描述：

$$\frac{\mathrm{d}x}{\mathrm{d}t} = -10(x - y), \quad \frac{\mathrm{d}y}{\mathrm{d}t} = -xz + 28x - y, \quad \frac{\mathrm{d}z}{\mathrm{d}t} = xy - \frac{8}{3}z \tag{4.8}$$

使用龙格-库塔法，将初始条件为 $x_0 = y_0 = z_0 = 10.00$ 与 z_0 略微变为 10.01 时所得的解进行对比，结果如图 4.4 所示。从图中可以看出，即使初始条件只有细微的不同，但是随着时间的推移初始条件变得明显不同，这种现象称为蝴蝶效应。虽然可以分析洛伦兹系统轨迹中的整体模式，但是准确地预测特定时间的解变得相当不切实际，因为数值离散化的误差引起轨迹变化的方式是不可预测的。对湍流的模拟也可进行同样的观测，虽然可以捕捉到湍流的定性变化，但是对于特定的位置和时间，对于高雷诺数流使用 FTS 正确地预测湍流的精确状态是不可能且不切实际的。

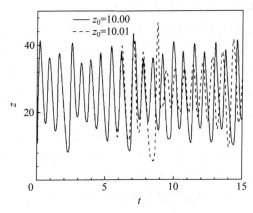

图 4.4　劳伦兹系统的数值模拟

（即使在初始条件下最小的扰动也可以产生与无扰动情况完全不同的解决方案）

4.2.3　湍流的直接数值模拟

用数值求解 N-S 方程而不改变其他项的方法被称为直接数值模拟（direct numerical simulation，DNS）。对于高雷诺数流，基于式（4.7），很少能完全求解具有 $O(Re^{9/4})$ 网格点的控制方程。并且不同于 FTS，大多数 DNS 不考虑尺寸小于网格大小的涡旋。这种模拟得到的结果可接受的原因是大部分能量耗散发生的尺度比理论预测的最小涡度大一个数量级。为了使 DNS 的结果有意义，必须获得足够的空间分辨率，确保小于网格分辨率尺度下的流动可以忽略不计。因此，在许多情况下 DNS 被视为"不使用湍流模型的高精度湍流计算"。

因为湍流基本上是无序的，所以在特定的时间和位置对流量状态进行预测是不现实的。然而这并不影响 DNS 的重要性。如图 4.4 所示，尽管小的扰动可能对湍流模拟的局部预测造成影响，但是两种解决方案仍然基于相同的控制方程，并且随时间变化表现出相似的整体行为。因此，使用 DNS 进行预测能够正确捕获在长时间间隔内计算出的湍流统计数据。此外，对于单独的涡流，可以在其特征时间尺度上精确地再现其运动，意味着正确执行 DNS 可以再现涡流运动以及表征时间平均流量。通过设置适当的网格分辨率和数值精度，使得 DNS 成为获取基本湍流数据的可靠的研究工具。DNS 通常用适当的网格分辨率来实施上述的高阶精度有限差分法和谱方法。

4.2.4　低网格分辨率的湍流模拟

接下来讨论在粗网格上执行 DNS 的结果。当不考虑涡度小于网格宽度的影响时，在一定范围内空间尺度上的涡流在湍流中有相互作用。在这种情况下,由于缺少相互作用,流动模拟将不能正确地捕获尺度大于网格分辨率的流动的物理特性。如果没有能耗散动能的小尺度涡流,产生的湍流动能必须通过网格上可分辨的尺度消散。因此,雷诺应力将受到影响,并且可能改变平均速度曲线。由于较大尺度的涡流不像小尺度涡流那样耗散,计算出的波数的能量可能会比实际的湍流更高。如果网格分辨率严重不足,随着时间的推移,积累的能量可能会使模拟失效。

例如,考虑网格分辨率对两个平行平板(通道流)之间的湍流模拟的影响。湍流通道流动是具有壁湍流的最基本的流动之一,并且已被广泛研究和验证。由 Deardorff[18]、Schumann[19]、Moin 和 Kim[20] 进行的大涡模拟(large eddy simulation,LES)以及由 Kim、Moin 和 Moser[21] 进行的 DNS 都强调了数值模拟的价值,被认为是 CFD 领域的里程碑。

两个平行平板之间在 x 方向上具有恒定压力梯度的湍流,如图 4.5 所示。如果将动量方程中维持流动所需的压力梯度视为外部强迫,则只需要求解压力波动。将通道宽度设置为 2δ,摩擦速度为 $u_\tau = \sqrt{\tau_w/\rho}$,其中 τ_w 为壁面平均剪切应力,平均压力梯度为 $\partial \bar{p}/\partial x = -\tau_w/\delta$。使用 u_τ、δ 和 ν 构成无量纲方程,得到

$$\frac{\partial u_i^*}{\partial x_i^*} = 0, \quad \frac{\partial u_i^*}{\partial t} + u_j^* \frac{\partial u_i^*}{\partial x_j^*} = \delta_{i1} - \frac{\partial p'^*}{\partial x_i} + \frac{1}{Re_\tau} \frac{\partial^2 u_i^*}{\partial x_j^* \partial x_j^*} \tag{4.9}$$

式中,上标 * 表示无量纲。

模拟中唯一要指定的物理参数是雷诺数 $Re_\tau = u_\tau \delta/\nu$。对于每个速度分量和压力波动,可以应用流向($x$)和横向($z$)方向上的周期边界条件。在壁面上,规定了无滑移边界条件 $u^* = v^* = w^*$,在下文中,为了简化,用上标 * 表示无量纲。早期 CFD 的平板流计算中大部分 DNS 的雷诺数 Re_τ 在 150～180 之间。虽然目前出现了 $Re_\tau = 1020$ 的模拟,但

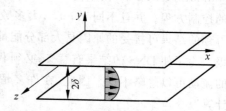

图 4.5　平行平板之间的湍流(通道流)

在工业应用中雷诺数仍然很低。所以现在大多数 DNS 在实际工程问题中并不能直接应用,而是在验证湍流模型时用于提供基础数据。目前还在尽力获得较高雷诺数的湍流数据,以便研究人员可以深入了解湍流并且不产生低雷诺数效应。目前有当雷诺数 $Re_\tau = 180$、395 和 590 时使用谱分析法得到的 DNS 结果数据库。

接下来计算湍流的平板流动 DNS 所需的网格数。对于可以应用周期边界条件的 x 和 z 方向,计算域选择的大小必须使任何波动的两点相关性可以忽略不计。此外,网格分辨率应该比湍流结构的最小尺度要高。例如条纹状结构,其中快速和低流动区域在交替出现平均长度尺度为 $\lambda_x^+ \approx 1000$ 和 $\lambda_z^+ \approx 1000$ 的壁面区域中。此外,上标＋表示由 ν/u_τ 确定的无量纲的壁坐标,其中 $\delta^+ = Re_\tau$。

在旋转方向上,网格分辨率对解的影响十分显著。如果需要计算到二阶矩 $\overline{u_i' u_j'}$,对于

选择二阶中心差分方案，$\Delta z^+ \approx 10$ 是足够的。如果需要准确地预测第三阶或第四阶矩（即 $\overline{u_i' u_j' u_k' u_l'}$），那么应该设置 $\Delta z^+ < 5$。对于高阶中心差分方案，可以放宽这些准则。对于计算域的翼展方向程度 H_z，至少应选择 2～3 倍的流道宽度（即 $4\delta \sim 6\delta$）。

在流向方向 Δx 上的网格大小可以大于 Δz，但是尺寸差异过大会导致网格中的各向异性，这种情况需要避免。因此 Δx 的期望值设在 $2\Delta z \sim 4\Delta z$ 之间。流向方向上的长度 H_x 应为 $8\delta \sim 16\delta$，虽然与 λ_x 相比并不大，但似乎对湍流统计数据没有太大的影响。对于壁面法向方向，应该通过网格点来求解由墙壁上的非滑移边界条件产生的黏性层。因此，最小网格的大小应满足 $\Delta y_{min}^+ < 1$。在流道中心，壁面法向网格尺寸 Δy 可以增大，从 Δz 到 $1.5\Delta z$。

对于用 DNS 求解湍流，所需的网格点数是计算域的必要范围与网格尺寸的比值。对于所有方向，比值大约为 $Re_\tau/3 \sim Re_\tau$，使得三维模拟的总点数在 $(Re_\tau/3)^3 \sim Re_\tau^3$ 之间。应注意，所讨论的网格尺寸不小于柯尔莫哥洛夫尺度。

为了研究网格分辨率的影响，使用二阶中心差分法在交错网格上对 Re_τ 处的平板流进行 DNS 分析，使用表 4.1 中的参数进行模拟。在确定计算域大小时，网格点数 N_x 和 N_z 分别在流向和法向方向上变化。为了规定无滑移边界条件，壁面法线方向 N_y 的网格点数保持不变。

表 4.1　湍流平板流动模拟的网格设置（$Re_\tau = 150$）

N_x	N_y	N_z	H_x/δ	H_y/δ	H_z/δ	Δx^+	Δy^+	Δz^+
4	64	4	7.68	2	3.84	288	0.9～9	144
8	64	8	7.68	2	3.84	144	0.9～9	72
16	64	16	7.68	2	3.84	72	0.9～9	36
32	64	32	7.68	2	3.84	36	0.9～9	18
64	64	64	7.68	2	3.84	18	0.9～9	9
128	64	128	7.68	2	3.84	9	0.9～9	4.5

模拟首先考虑的是执行 64^3 个网格的长时间以获得完全发达的湍流。在运动湍流流场的快照中，在空间上对不同的网格进行数据的提取或取插值，并用作一组长时间模拟的初始条件，以寻找平均时间流量。

图 4.6 中给出了平均速度曲线，其中，$N = N_x = N_z$。图中使用了高分辨率网格的光谱方法的 DNS 结果作为参考。对于二阶精度中心差分格式，采用一种具有动能守恒性质的格式，使其即使用粗网格进行模拟也不会产生爆破解。注意到，在 $N = 128$ 的最适合求解的方案下，其结果与频谱计算的结果非常吻合。然而，速度通量会随 $N = 8, 4, 16, 128, 64, 32$ 的顺序逐级减小。即使排除了亟待解决的 $N_x \leqslant 16$ 的情况，仅基于细化网格的平均速度曲线的收敛性也不是单调的。对于 DNS，通过简单地改变网格大小来检查网格依赖性并不容易。

对于该流场,湍流产生速率为 $-\overline{u'v'}(\partial\overline{u}/\partial y)$。产生的波动返回到流动速度分量,分布到另外两个速度分量上,然后转移到小尺度涡流上耗散。

彩图 4.6

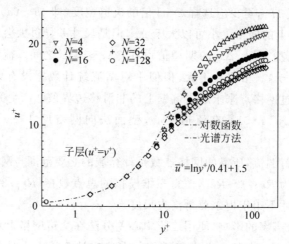

图 4.6　网格分辨率对湍流通道流速平均速度分布的影响

在图 4.7 中列举了气流流向速度 $u_{\mathrm{rms}}=\sqrt{\overline{u'^2}}$ 和壁面法向速度 $v_{\mathrm{rms}}=\sqrt{\overline{v'^2}}$ 分量中的速度波动强度(湍流强度)。对于这些量,在减小网格大小时,收敛大多是单调的。当网格粗糙时,流向方向的波动增大,壁面法线方向的波动减小。跨度波动具有与壁面法向波动相同的趋势。

彩图 4.7

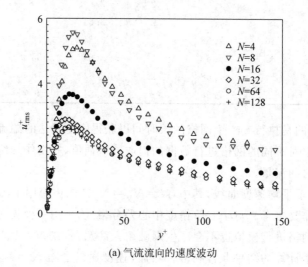

(a) 气流流向的速度波动

图 4.7　网格分辨率对湍流通道流中 u^+ 和 v^+ 速度分布(均方根的影响)

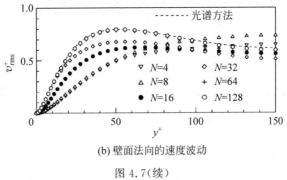

(b) 壁面法向的速度波动

图 4.7(续)

低分辨率的模拟显示出比预期更高的能量和各向异性。在未求解的情况下,小型涡流耗散的能量被较大的涡流保留,导致流动的能量更高。此外,由于不考虑对能量传递有影响的未求解尺度上的涡流动力学,导致从流动方向传递到其他方向的能量被抑制,这是能量转移的原因。

为了确定 $Re_\tau = 150$ 时的平均速度以及湍流强度,由图 4.7 可知,64^3 个网格数是足够的。为了正确获取高阶矩,需要更细化的网格。以速度波动的三阶矩为例,如图 4.8 所示,壁面速度波动的偏斜度为 $v_{\text{skew}} = \overline{v'^3}/\overline{v'^2}^{3/2}$。因此,至少需要 $N = 128$ 来匹配壁面附近的光谱计算结果。

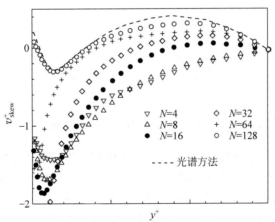

彩图 4.8

图 4.8 网格分辨率对湍流通道流动中波动壁面正态速度偏差的影响

下面讨论雷诺数的影响。增加雷诺数而不修改网格宽度会使得网格分辨率降低。现在将网格尺寸固定在 64^3,并改变雷诺数为 150、300、450 和 600。计算域大小和网格宽度与表 4.1 相同,即 $H_x = 7.68\delta$,$H_z = 3.84\delta$,$\Delta x = 0.12\delta$,$\Delta z = 0.06\delta$。如表 4.2 所示,在壁面坐标中表示的域大小和网格分辨率会根据雷诺数的变化而变化。

表 4.2　具有不同雷诺数的湍流通道流的网格分辨率变化

Re_τ	H_x^+	H_y^+	H_z^+	Δx^+	Δy^+	Δz^+
150	1152	300	576	18	0.9～9	9
300	2304	600	1152	36	1.8～18	18
450	3456	900	1728	54	2.8～27	27
600	4608	1200	2304	72	3.7～36	36

　　图 4.9 给出了不同雷诺数的平均速度曲线,以及在 $Re_\tau = 150$ 和 395 处进行的谱分析 DNS 计算的结果。基于平均中心线速度 u_c 的雷诺数为 $Re_\tau = \dfrac{\delta u_c}{\nu} = 2604$、5266、8473 和 12014 分别对应于 $Re_\tau = 150$、300、450 和 600。对于二阶中心差方法,速度曲线在对数律区域中在 $Re_\tau = 300$ 处具有最大的差值。这是由于低雷诺数的影响以及在 $Re_\tau = 150$ 和 600 处网格分辨率较小,在 $Re_\tau = 150$ 处对数率区域速度较高。这说明,雷诺数的影响和低网格分辨率的影响出现了混合。因此,必须谨慎选择网格分辨率来正确评估雷诺数的影响。

彩图 4.9

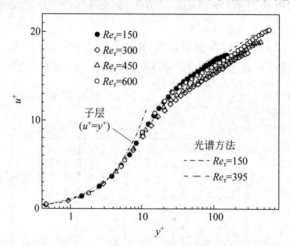

图 4.9　雷诺数对湍流通道流速平均速度分布的影响

　　综上所述,低分辨率的模拟可以产生看似合理的结果。然而,低精度的网格分辨率可能得到不精确的湍流强度和方向,这会使平均速度曲线明显偏离于正确解。更复杂的是当分辨率提高时,收敛不是单调的。因此,从简单的分辨率研究收敛趋势可能不足以确定合理的网格大小。必须特别注意网格分辨率和雷诺数对解造成的影响。

4.3　湍流的表示法

4.3.1　湍流模型

　　大多数应用中研究的是湍流的大规模行为,而不是详细的湍流数据。一般从实验结果和理论可以看出,流动中的大尺度涡流受边界几何条件影响很大,而小尺度涡流则普遍表现出各向同性且耗散。为了进行工程计算,捕获大尺度涡流的波动很重要,因为它们影响平均流量。因此,使用数值求解含有不能用网格求解湍流的控制方程是十分有用的。需要求解的方程通过以某种方式对 N-S 方程进行平均来得到。在平均方程中,必须将平均流量和湍流涡度联系起来,这就要求使用湍流模型。图 4.10 所示的是一个包含大尺度(非湍流)波动给定流场的能量谱示例,并给出了使用不同湍流模拟方法的波数范围。每个湍流建模方法的近似波数范围均遵循 Hinze 公式。

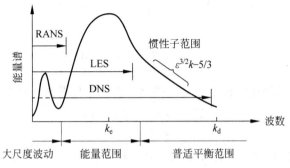

图 4.10 不同方法的湍流模拟的长度尺度

如果只需要解决稳定流动(或准稳态流动,其中不稳定性与湍流相比较慢),则需要对整个湍流波动进行建模。在这种情况下,N-S 方程进行了雷诺平均。求解雷诺平均流场被称为雷诺平均 N-S 计算或雷诺平均数值模拟(Reynolds Average Navier-stockes,RANS)。如图 4.10 所示,应该注意 RANS 需要捕获的连续流结构会引起大尺度的波动。

求解湍流的另一种方法是解析大尺度涡流,并对小尺度涡流的影响进行建模,这被称为大涡模拟(LES)。LES 的控制方程是通过对方程进行滤波以分离流量中的大小尺度结构得到的。在 LES 中,因为可以捕获周期为网格尺寸 2 倍的结构(如图 4.10 所示),所以可以定义尺寸大于网格分辨率的更大尺寸涡流。因此将 LES 中的滤波操作称为网格平均,而不是雷诺平均。

4.3.2 湍流控制方程

在流场上进行平均,而不指定确切的平均类型时,有

$$\bar{f}(\boldsymbol{x},t) = \int_{-\infty}^{\infty} \int_{-\infty}^{\infty} G(\boldsymbol{y},s) f(\boldsymbol{x}-\boldsymbol{y},t-s) \mathrm{d}y \mathrm{d}s \tag{4.10}$$

上式被称为卷积,相当于用 G 称量函数 f。函数(核)G 在时域和空域上的尺度分别为 T 和 L,且满足

$$\int_{-\infty}^{\infty} \int_{-\infty}^{\infty} G(\boldsymbol{y},s) \mathrm{d}y \mathrm{d}s = 1 \tag{4.11}$$

使用这个卷积核,流场在 T 和 L 的尺度上粗化(在较粗的网格上滑移)。可以用如 $f' = f - \bar{f}$ 的标记表示移除的波动。

对连续性方程进行加权平均:

$$\frac{\partial \bar{u}_j}{\partial x_j} = 0 \tag{4.12}$$

上式与原始的连续性方程形式相同。通过加权平均,动量方程式(4.1)变为

$$\frac{\partial \bar{u}_i}{\partial t} + \frac{\partial \overline{u_i u_j}}{\partial x_j} = -\frac{1}{\rho}\frac{\partial \bar{p}}{\partial x_i} + \frac{\partial}{\partial x_j}(2\nu \bar{D}_{ij}) \tag{4.13}$$

其中

$$\bar{D}_{ij} = \frac{1}{2}\left(\frac{\partial \bar{u}_i}{\partial x_j} + \frac{\partial \bar{u}_j}{\partial x_i}\right) \tag{4.14}$$

$\bar{D}_{ij}$ 是基于平均速度场的速度梯度张量。假设平均和导数操作是可交换的:

$$\overline{\frac{\partial f}{\partial t}} = \frac{\partial \bar{f}}{\partial t}, \quad \overline{\frac{\partial f}{\partial x}} = \frac{\partial \bar{f}}{\partial x} \tag{4.15}$$

如果权重函数(核)G 在空间或时间上不均匀,则上述公式带有换向误差。

求解式(4.12)和式(4.13)作为控制方程,要求解的变量是平均速度 $\bar{u}_i$ 和压力 $\bar{p}$,它们是三维计算中的 4 个变量,有 4 个要求解的方程,包括 3 个动量方程和 1 个连续性方程。式(4.13)有一个张量 $\overline{u_i u_j}$,可以扩展为

$$\overline{u_i u_j} = \bar{u}_i \bar{u}_j + \overline{\bar{u}_i u'_j} + \overline{u'_i \bar{u}_j} + \overline{u'_i u'_j} \tag{4.16}$$

相应地使用 $\bar{u}_i$ 和 $\bar{p}$,以 N-S 方程形式改写式(4.13),得到

$$\frac{\partial \bar{u}_i}{\partial t} + \frac{\partial(\bar{u}_i \bar{u}_j)}{\partial x_j} = -\frac{1}{\rho}\frac{\partial \bar{p}}{\partial x_i} + \frac{\partial}{\partial x_j}(-\tau_{ij} + 2\nu \bar{D}_{ij}) \tag{4.17}$$

利用式(4.15)替代上述方程,可表示为

$$\frac{\bar{D}\bar{u}_i}{\bar{D}t} = -\frac{1}{\rho}\frac{\partial \bar{p}}{\partial x_i} + \frac{\partial}{\partial x_j}(-\tau_{ij} + 2\nu \bar{D}_{ij}) \tag{4.18}$$

其中

$$\frac{\bar{D}}{\bar{D}t} = \frac{\partial}{\partial t} + \bar{u}_j \frac{\partial}{\partial x_j} \tag{4.19}$$

$\frac{\bar{D}}{\bar{D}t}$ 是基于平均速度的物质导数。在式(4.17)和式(4.18)中,由于平均运算产生了 $\boldsymbol{\tau}_{ij}$ 项,它以一种应力张量的形式表现:

$$\tau_{ij} = \overline{u_i u_j} - \bar{u}_i \bar{u}_j = \overline{\bar{u}_i \bar{u}_j} - \bar{u}_i \bar{u}_j + \overline{\bar{u}_i u'_j} + \overline{u'_i \bar{u}_j} + \overline{u'_i u'_j} \tag{4.20}$$

为了求解方程组,τ_{ij} 需要以某种方式与变量 $\bar{u}_i$ 和 $\bar{p}$ 相联系,使得方程数和未知数的数目相匹配。

4.3.3 湍流建模方法

在湍流建模的早期阶段,大多数模型由基于直觉或经验的关系,以及一组基于经验数据调整的系数组成。此后,理论湍流研究进一步支持了湍流模型的发展。Speziale 讨论了基于连续力学方法(而不是统计学方法)的一种模型。该方法将连续力学中的约束纳入到湍流波动的泰勒级数展开或尺寸分析中推导模型。基于湍流统计理论的方法是双尺度直接相互作用近似(TS-DIA)和重整化(RNG)。通过使用该理论,不仅提供了建模方法,而且在某些情况下还可以估计模型中的常数。

因为 DNS 湍流数据库具有可用性,使得改进后湍流模型的开发和验证已经成为可能。但测量雷诺平均模型所需的高阶湍流统计或验证 LES 模型所需按比例分离的湍流统计仍十分困难。在模型方程中,并不是所有的项都能给出明确的物理解释。在这种情况下,DNS 可以成为通过提供足以求解流场的数据来进一步洞察物理量特征的有力工具。基于 DNS 的知识,能够检查湍流模型的组件在物理学上是否合适,而不仅仅是检查计算结果是否与实验结果相匹配。

4.3.4 涡旋结构的可视化

为了表征湍流,使用如时间平均、波动幅度、偏度和平坦度等统计量。为了研究湍流中的空间结构,可以使用可视化等值线和绘图流线等方法。此外,还可以跟踪数值流场中的虚拟粒子来可视化粒子路径和条纹线,这可以通过实验可视化进行验证。

由于湍流具有大量涡流以非常复杂的方式相互作用的特点,所以涡流结构的可视化有助于理解湍流中的涡流动力学,并为湍流模型的发展提供见解。本节将讨论一些用于可视化涡流的技术。

涡度的强度可以通过涡度矢量来量化:

$$\boldsymbol{\omega}_k = \varepsilon_{kmn} \frac{\partial u_n}{\partial x_m} \tag{4.21}$$

式中,ε_{kmn} 是置换符号,然而并不一定代表旋转运动的强度。如图 4.11 所示,涡流可以出现于存在剪切或旋转的流动中。剪切区域由于相对角度和拉伸的变化,使得区域内包含涡度,如图 4.11(a)所示。流体驱动的刚体旋转也具有涡度,如图 4.11(b)所示。为了捕获流体中的涡流,提取与剪切相比含有较高旋转水平的流动特征比较合适。

可以将速度梯度张量分解成对称和反对称分量:

$$\frac{\partial u_i}{\partial x_j} = D_{ij} + W_{ij} \tag{4.22}$$

式中,对称张量 $D_{ij} = \frac{1}{2}(\partial u_i / \partial x_j + \partial u_j / \partial x_i)$ 是应变张量;反对称张量 $W_{ij} = \frac{1}{2}(\partial u_i / \partial x_j -$

$\partial u_j / \partial x_i$)是旋转(涡度)张量。

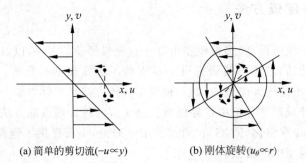

(a) 简单的剪切流($-u \propto y$)   (b) 刚体旋转($u_\theta \propto r$)

图 4.11   涡度 $\omega_z = \dfrac{\partial v}{\partial x} - \dfrac{\partial u}{\partial y} > 0$ 的流动以及流体单元的运动

以下列方式定义应变张量、旋转速率张量和涡度矢量的范数:

$$| \boldsymbol{D} | = \sqrt{2 \boldsymbol{D}_{ij} \boldsymbol{D}_{ij}}, \quad | \boldsymbol{W} | = \sqrt{2 \boldsymbol{W}_{ij} \boldsymbol{W}_{ij}}, \quad | \omega | = \sqrt{\omega_k \omega_k} \tag{4.23}$$

请注意,旋转速度张量由涡度元素组成,并存在以下关系:

$$W_{ij} = -\varepsilon_{ijk} \frac{\omega_k}{2} \tag{4.24}$$

根据上述定义,有 $| \boldsymbol{W} | = | \omega |$。

用下式表示流动中存在的旋转和应变之间的差:

$$| \boldsymbol{W} |^2 - | \boldsymbol{D} |^2 = | \omega |^2 - | \boldsymbol{D} |^2 = -2 \frac{\partial u_i}{\partial x_j} \frac{\partial u_j}{\partial x_i} \tag{4.25}$$

由此可知,从动量方程的发散项导出的压力泊松方程(即式(4.1))

$$\frac{1}{\rho} \frac{\partial^2 P}{\partial x_i \partial x_i} = -\frac{\partial u_i}{\partial x_j} \frac{\partial u_j}{\partial x_i} \tag{4.26}$$

在密度和黏度恒定以及没有外力的情况下,是式(4.25)的一半。可以使用上述量来表征局部压力最小情况下旋转运动占主导地位的涡旋($| \boldsymbol{W} |^2 \gg | \boldsymbol{D} |^2$)。对于涡流,低压区域通常对应旋转速度较大的区域。因此,速度梯度张量的第二个不变量也被称为 Q 值(标准):

$$Q = \frac{1}{4} (| \boldsymbol{W} |^2 - | \boldsymbol{D} |^2) = -\frac{1}{2} \frac{\partial u_i}{\partial x_j} \frac{\partial u_j}{\partial x_i} \tag{4.27}$$

式(4.27)常用于捕获与涡流核心相对应的区域。对于图 4.11(a)所示的简单剪切流动,当 $| \boldsymbol{W} | = | \boldsymbol{D} |$ 时有 $Q = 0$;对于图 4.11(b)所示的刚体旋转情况,当 $| \boldsymbol{W} | > | \boldsymbol{D} | = 0$ 时有 $Q > 0$。

通过使用 Q 值等值线可视化涡流,还可以获得涡流和湍流的动态特征。也可以考虑显示其他物理量(如$| \omega |$、$| u |$),或它们在特定方向上的 Q 值等值线。注意,流动中的低压区域不一定对应于涡流核心,但是 Q 准则可能会将一些流动区域误认为涡流核心。Jeong 和 Hussain 也考虑了捕获涡流结构时的问题。另外讨论一种常用的 Λ_2 的涡流识别方案,并将

其与本书介绍的 Q 值作比较。一般来说,使用 Q 和 Λ_2 的等位线可以得到类似的涡流可视化。

可视化示例:以两个使用 Q 值等值面轮廓的可视化流场作为示例。第一个例子是当 $Re=300$ 时,如图 4.12 所示,在脉冲平移的低比例矩形平板翼周围形成的层流涡流。Q 值等值面用于捕获涡流核心,$|\omega|$ 的等值面显示出透明度以突出涡片的特性。这两个等值面的组合显示了涡流在机翼周围如何卷绕,并在机翼经历脉冲运动后不久形成的前缘和尖端旋涡。

图 4.12　$Re=300$ 时围绕脉冲平移的低纵横比平板翼的层状涡旋结构的可视化
（浅灰色和深灰色结构对应于 $|\omega|$ 的等值面和 Q,以突出漩涡和核心）

第二个示例使用 Q 值在流动控制应用中表示 NACA0012 翼型的湍流变化。在自然分离点附近引入小型旋转射流以重新连接流动以实现增升和减阻。Q 值等值面通过流式涡度着色来表明在不受控的情况下,大的展向涡可以通过添加流动扰动,并增强外部高动量流体与近壁低动量流体之间的混合来分解,如图 4.13 所示。通过将高动量流体拉近机翼表面,可以减轻分离。

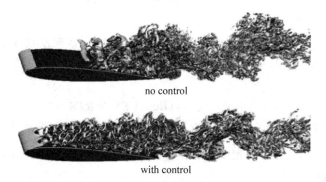

no control

with control

图 4.13　$Re=23\,000$ 时 NACA0012 翼型上的涡流结构的可视化
（顶部基线流动和底部控制流动。Q 值等值面通过流向涡度着色,以突出显示流动控制执行器向翼型表面拉动高动量流动的效果,以防止流动分离（由较暗的灰色阴影示出））

4.3.5　相关结构函数

为了获得 Q 值的大小,设置一个伴生量:

$$E = \frac{1}{4}(\mid \boldsymbol{W} \mid^2 + \mid \boldsymbol{D} \mid^2) = \frac{1}{2}\frac{\partial u_i}{\partial x_j}\frac{\partial u_i}{\partial x_j} \tag{4.28}$$

E 与式(3.173)中定义的动能的耗散率 Φ 有 $\Phi = 2\nu E$ 的关系。由 E 归一化的无量纲 Q 值定义为

$$F = \frac{Q}{E} \tag{4.29}$$

上式称为相关结构函数。F 相对较大的涡流对应于具有低动能消耗强旋转的柱状涡流。一般来说,F 取值为 $\mid F \mid < 1$,可以容易地处理而无需特殊缩放,并用于湍流建模。

4.3.6　旋转不变性

如果数量或函数值不受坐标系旋转的影响,则称为旋转不变量。虽然旋转不变性的概念与可视化技术没有直接关系,但是由于流体流动的数值模拟中可能使用旋转坐标系(例如涡轮机械),所以给出了简要的讨论。对于旋转坐标系,当速度梯度张量、旋转速度张量和涡度矢量改变时,应变率保持旋转不变。如果这些张量用于构建湍流模型,则应谨慎处理旋转的影响。

使用与 $x^* = R(t)x + b(t)$ 相关的两个不同的坐标系 x 和 x^* 来观察材料点 X 的运动,x 和 x^* 分别在惯性和非惯性参考系中。表示刚体旋转 $R(t)$ 的正交张量和任意向量 $b(t)$ 的正交张量都只是时间 t 的函数。

虽然对物理现象的感知取决于观察者,然而材料性质是客观或独立于观察者的。这种原则被称为物质框架无差异原则或物质客观性原则。对于标量 f,向量 q 和张量 T 是客观的,它们必须满足

$$f^* = f, \quad q^* = Rq, \quad T^* = RTR^{\mathrm{T}} \tag{4.30}$$

式中,$\boldsymbol{R}^{\mathrm{T}}$ 是正交张量 $\boldsymbol{R}$ 的转置,$\boldsymbol{R}$ 满足 $\boldsymbol{R}^{\mathrm{T}} = \boldsymbol{R}^{-1}$;上标 * 表示非惯性系。

用 $\boldsymbol{v} = \dot{\boldsymbol{x}}$ 和 $\boldsymbol{v}^* = \dot{\boldsymbol{x}}^*$ 表示两组参考系的速度矢量,发现 $\boldsymbol{v}^* = \boldsymbol{R}\boldsymbol{v} + \dot{\boldsymbol{R}}\boldsymbol{x} + \dot{\boldsymbol{B}}$。因此,速度矢量显然不是客观的。

接下来分别研究惯性和非惯性系统的速度梯度张量 $\boldsymbol{L} = \partial \boldsymbol{v}/\partial \boldsymbol{x}$ 和 $\boldsymbol{L}^* = \partial \boldsymbol{v}^*/\partial \boldsymbol{x}^*$。由 $\partial \boldsymbol{x}/\partial \boldsymbol{x}^* = \boldsymbol{R}^{\mathrm{T}}$,得到

$$\boldsymbol{L}^* = \boldsymbol{R}\boldsymbol{L}\boldsymbol{R}^{\mathrm{T}} + \dot{\boldsymbol{R}}\boldsymbol{R}^{\mathrm{T}} = \boldsymbol{R}\boldsymbol{L}\boldsymbol{R}^{\mathrm{T}} + \boldsymbol{Q} \tag{4.31}$$

其中,张量 $\boldsymbol{Q}$ 表示系统的旋转,它与作为交替张量的角速度矢量 $\dot{\boldsymbol{\theta}}$ 相关联。从上述方程可

以看出,速度梯度张量不是客观的。

此外,分别研究了惯性和非惯性系统的应变率张量 $\boldsymbol{D} = (\boldsymbol{L} + \boldsymbol{L}^{\mathrm{T}})/2$ 和 $\boldsymbol{D}^* = (\boldsymbol{L}^* + \boldsymbol{L}^{*\mathrm{T}})/2$。注意到 $\mathrm{d}(\boldsymbol{R}\boldsymbol{R}^{\mathrm{T}})/\mathrm{d}t = \mathrm{d}\boldsymbol{I}/\mathrm{d}t = 0$,可得出

$$\boldsymbol{D}^* = \boldsymbol{R}\boldsymbol{D}\boldsymbol{R}^{\mathrm{T}} \tag{4.32}$$

由此可知应变率张量是客观的。

最后分别考虑惯性和非惯性系统的旋转速度张量 $\boldsymbol{W} = (\boldsymbol{L} - \boldsymbol{L}^{\mathrm{T}})/2$ 和 $\boldsymbol{W}^* = (\boldsymbol{L}^* - \boldsymbol{L}^{*\mathrm{T}})/2$。可以得出

$$\boldsymbol{W}^* = \boldsymbol{R}\boldsymbol{W}\boldsymbol{R}^{\mathrm{T}} + \boldsymbol{Q} \tag{4.33}$$

这说明旋转张量以及相关的涡度矢量并不客观。

综上发现:

$$\boldsymbol{L}^* = \boldsymbol{L}' + \boldsymbol{Q}, \quad \boldsymbol{D}^* = \boldsymbol{D}', \quad \boldsymbol{W}^* = \boldsymbol{W}' + \boldsymbol{Q} \tag{4.34}$$

其中,将旋转变换的张量 $\boldsymbol{R}$ 表示为张量 $\boldsymbol{T}$,$\boldsymbol{T}' = \boldsymbol{R}\boldsymbol{T}\boldsymbol{R}^{\mathrm{T}}$。

使用坐标系的旋转速度 $\dot{\boldsymbol{\theta}}$,可以用指标记法表示 W_{ij}^*:

$$W_{ij}^* = W_{ij}' + Q_{ij} = W_{ij}' - \varepsilon_{ijk}\dot{\theta}_k^* \tag{4.35}$$

因此,可以注意到旋转速度张量(角速度)有以下关系:

$$W_{ij}' = W_{ij}^* + \varepsilon_{ijk}\dot{\theta}_k^* \tag{4.36}$$

如果非客观张量被认为是非惯性参考系中的物理模型的一部分,则应该使用上述关系。

大涡模拟

5.1 引言

　　讨论如何形成大涡模拟之前,简要回顾一下湍流中的空间尺度,这涉及大范围雷诺数下各种湍流的湍流能谱。图 5.1 所示为根据柯尔莫哥洛夫尺度(Kolmogorov scale)[22]进行的各种三维湍流能谱的无量纲化。注意,由低波数代表的旋涡数是由问题决定的。另一方面,由于柯尔莫哥洛夫尺度附近的湍流具有各向同性,波数高的小旋涡则普遍表现出不随流场改变而变化的行为。在此基础上,可以考虑对普通的小尺度涡旋建立模型,并直接解析受流场设置影响的大尺度旋涡。然而,因为湍流的非线性会使得旋涡在很大的湍流尺度范围内相互作用,所以只根据 N-S 方程,简单地在粗糙网格上模拟大尺度旋涡是不合适的。求解湍流中的 LES 大尺度旋涡的同时应考虑 LES 小规模旋涡的影响,而这种影响不是通过网格模型求解的。采取这种 LES 方法可以精确地模拟各种复杂的湍流流动。

彩图 5.1

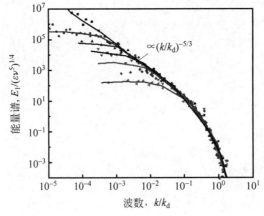

图 5.1　湍流能的普适性能谱($E_1/(\varepsilon\nu^5)^{1/4}$)和波数($k/k_\mathrm{d}$)之间的关系

5.2 大涡模拟的控制方程

过滤后的 N-S 方程常被作为 LES 方法中的控制方程,其滤波器的宽度接近网格的大小。因此,直接在网格上进行解析的尺度被称为网格尺度(grid scale,GS)或可分辨尺度。另一方面,没有被网格捕获的小尺度叫做亚网格尺度(sub-grid scale,SGS)或残留尺度。

5.2.1 过滤

通过过滤流体流动的守恒方程可以得到 LES 的控制方程。在选定的 LES 模型的模拟结果中,过滤操作不特别明显。最广泛使用的模型是司马格林斯基(Smagorinsky)模型,该模型不易受滤波函数的类型影响,但容易受到滤波器宽度的影响。下面描述的过滤与一些 LES 模型无关,但确定用哪些尺度进行建模以及直接在 LES 里进行计算是很重要的。

滤波器可以通过应用卷积来进行过滤:

$$\bar{f}(x) = \int_{-\infty}^{\infty} G(y) f(x - y) \mathrm{d}y \tag{5.1}$$

其中,函数 $G(y)$ 在 $y=0$ 附近保持正值,并满足 $\lim\limits_{y \to \pm\infty} G(y)=0$。构造的这个函数具有如下性质:

$$\int_{-\infty}^{\infty} G(y) \mathrm{d}y = 1 \tag{5.2}$$

所以 $\bar{f}(x)$ 是 $f(x)$ 在 x 附近的加权平均值。G 则看作滤波函数。

举几个滤波函数的例子。首先,参考图 5.2(a)显示的箱式滤波器,该函数为最简单的滤波函数。

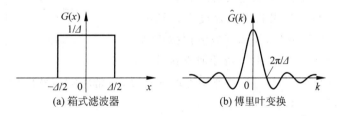

图 5.2 箱式滤波器和傅里叶变换

$$G(x) = \begin{cases} 1/\Delta, & (\,|\,x\,| < \Delta/2) \\ 0, & (\,|\,x\,| > \Delta/2) \end{cases} \tag{5.3}$$

虽然其宽度为 Δ 并满足方程(5.2),但是可能会出现细微尺度波动截断的现象。

滤波器的傅里叶变换如下:

$$\hat{G}(k) = \frac{\sin(\Delta k/2)}{\Delta k/2} \tag{5.4}$$

式(5.4)显示过滤功能可以以振荡的方式抑制高波数分量。应该注意的是,如图5.2(b)所示,此滤波器在特定的波数下显示负值。

接下来,考虑在如下波空间中应用箱式滤波器来避免细刻度(高频)分量的情况:

$$\hat{G}(k) = \begin{cases} 1, & (|k| < \pi/\Delta) \\ 0, & (|k| > \pi/\Delta) \end{cases} \tag{5.5}$$

这个滤波器称为光谱截止滤波器,类似于物理空间的箱式滤波器(见图5.2(a))。然而,对该滤波器进行逆傅里叶变换揭示了在物理空间的加权平均,而该变换依赖于类似图5.2(b)所示振荡滤波函数:

$$G(x) = 2\frac{\sin(\pi x/\Delta)}{\pi x} \tag{5.6}$$

箱式滤波器在波空间中不产生明显的截止,同样地,光谱截止滤波器在物理空间中也不产生明显的截止。

可以考虑基于高斯分布的滤波器的另一种形式。虽然高斯分布的点集不够简洁紧凑,但它保留了波空间和物理空间中的高斯分布特征。特征长度可设置为 Δ,并得到满足式(5.2)的一个滤波函数:

$$G(x) = \sqrt{\frac{6}{\pi\Delta^2}} \exp\left(-\frac{6x^2}{\Delta^2}\right) \tag{5.7}$$

图5.3所示为高斯滤波器,在波空间中的傅里叶变换滤波器则表示为

$$\hat{G}(k) = \exp\left(-\frac{\Delta^2 k^2}{24}\right) \tag{5.8}$$

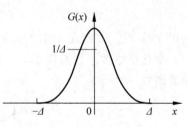

图5.3　高斯滤波器

无论选择哪种滤波器,必须定义滤波器的大小 Δ 以区分小型和大型结构。如果将网格尺度上计算的所有波动分量都作为"大型"分量,那么在数值模拟中就能够最有效地利用网格分辨率,即不浪费任何直接计算的结果。因此,参考从网格尺度的过滤操作中提取的尺度,通常将滤波宽度设置为网格大小 Δ。另一方面,波动被称为 SGS 分量。则

$$f' = f - \bar{f} \tag{5.9}$$

由于 LES 是用来计算三维湍流的,因此必须进行三维过滤操作。使用滤波函数 G 时,以其特征长度为网格尺寸,可以定义网格尺度分量为 $\bar{f}$:

$$\bar{f}(x) = \int_{-\infty}^{\infty} G(y)f(x-y)\mathrm{d}y \tag{5.10}$$

在傅里叶空间做简单的乘积运算,用方程(5.10)所示的卷积公式可以写成

$$\hat{\bar{f}}(k) = \hat{G}(k) \cdot \hat{f}(k) \tag{5.11}$$

方程(5.11)说明以上计算过程等价于在实际空间中进行卷积,或者使用滤波器傅里叶变换等价于逆变换函数的乘积。在笛卡儿坐标系中,可以沿3个方向中的任一个方向上,采用上述过滤功能进行如下的滤波操作:

$$G(x - y) = \prod_{i=1}^{3} G_i(x_i - y_i) \tag{5.12}$$

需要在每个空间方向选择不同的过滤功能或滤波器宽度。

5.2.2 滤波器有关的问题

过滤的本质是基于网格尺寸将流场结构区分为不同分量的大型结构和小型结构。然而,这并不意味着可以通过数值计算捕获到所有网格规模分量,在计算尺度上同时存在着亚网格尺度,这是由于滤波函数不能在物理空间或波空间(或两者)中明确分离两种尺度的网格。例如图5.4所示使用高斯滤波器进行网格尺度分离的情况,虽然网格尺度分量 $\bar{u}$ 的波数高于截止波数($k > \pi/\Delta$),但是网格不能支持这样的分量。另一方面,当波数低于截止波数($k < \pi/\Delta$)时,频谱 u 和 $\bar{u}$ 之间的差异很小。然而,当光谱显示在对数坐标上时,这样的差异不可忽略。在某些情况下,当考虑 u' 的频谱水平时,这种差异也不可忽略。当使用这种类型的滤波器时,也应考虑到亚网格尺度分量大于网格尺度分量的情况。

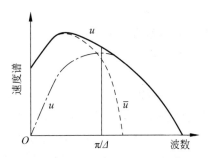

图 5.4 利用高斯滤波器进行尺寸区分的说明(双对数坐标)

滤波函数在空间和时间上不需要一致,所以在解决与滤波器有关的问题时导数和滤波操作不能互相代替,这时式(4.15)不一定成立。这一点往往在 LES 模型的开发中被忽略。总之,在模型开发中,特别是当过滤显著地影响模拟流场时,应特别注意滤波函数空间和时间一致性的问题。

5.2.3 大涡模拟中的控制方程

假设导数和滤波操作是可以互相代替的(即式(4.15)成立),在不可压缩流场中,过滤后的连续性方程和动量方程变为

$$\frac{\partial \bar{u}_i}{\partial x_i} = 0 \tag{5.13}$$

$$\frac{\partial \bar{u}_i}{\partial t} + \frac{\partial \overline{u_i u_j}}{\partial x_j} = -\frac{1}{\rho} \frac{\partial \bar{p}}{\partial x_i} + \frac{\partial}{\partial x_j}(2\nu \bar{D}_{ij}) \tag{5.14}$$

式中，$\bar{D}_{ij}$ 为网格尺度应变张量，有

$$\bar{D}_{ij} = \frac{1}{2}\left(\frac{\partial \bar{u}_i}{\partial x_j} + \frac{\partial \bar{u}_i}{\partial x_i}\right) \tag{5.15}$$

网格尺度的流场 $(\bar{u}, \bar{p})$ 是求解参数，但是式(5.14)中包含了 $\overline{u_i u_j}$ 项，此项无法用网格尺度变量表示。对使用了网格尺度变量的动量方程进行改写，可以得到

$$\frac{\partial \bar{u}_i}{\partial t} + \frac{\partial(\bar{u}_i \bar{u}_j)}{\partial x_j} = -\frac{1}{\rho}\frac{\partial \bar{p}}{\partial x_i} + \frac{\partial}{\partial x_j}(-\tau_{ij} + 2\nu \bar{D}_{ij}) \tag{5.16}$$

或者，通过使用式(5.14)得到

$$\frac{\bar{D}\bar{u}_i}{\bar{D}t} = -\frac{1}{\rho}\frac{\partial \bar{p}}{\partial x_i} + \frac{\partial}{\partial x_j}(-\tau_{ij} + 2\nu \bar{D}_{ij}) \tag{5.17}$$

式中，$\bar{D}/\bar{D}t$ 表示基于滤波速度场的质量导数，即

$$\frac{\bar{D}}{\bar{D}t} = \frac{\partial}{\partial t} + \bar{u}_j \frac{\partial}{\partial x_j} \tag{5.18}$$

将动量方程表示成上述形式，不需要求解较小网格尺度的漩涡。相反，必须考虑亚网格尺度涡的影响：

$$\tau_{ij} = \overline{u_i u_j} - \bar{u}_i \bar{u}_j \tag{5.19}$$

τ_{ij} 被称为过滤 N-S 方程中所产生的残余应力或 SGS 应力。如图 5.4 所示，所产生的应力项分布于亚网格波数中，也可能受到网格尺度波数的一些影响。严格地说，$\rho\tau_{ij}$ 具有应力的单位。然而，当 ρ 是定值的时候，τ_{ij} 常称为应力。

SGS 应力 τ_{ij} 通常写成下面的形式：

$$\tau_{ij} = L_{ij} + C_{ij} + R_{ij} \tag{5.20}$$

其中，伦纳德项为

$$L_{ij} = \overline{\bar{u}_i \bar{u}_j} - \bar{u}_i \bar{u}_j \tag{5.21}$$

叉积项为

$$C_{ij} = \overline{\bar{u}_i u_j'} + \overline{u_i' \bar{u}_j} \tag{5.22}$$

SGS 雷诺应力项为

$$R_{ij} = \overline{u_i' u_j'} \tag{5.23}$$

请注意，L_{ij} 和 C_{ij} 不被称为应力而被称为项。这是因为 L_{ij} 和 C_{ij} 不能独立满足伽利略变换下的不变性。用 Germano 提出的改写形式重新求解：

$$\tau_{ij} = L_{ij}^{\mathrm{m}} + C_{ij}^{\mathrm{m}} + R_{ij}^{\mathrm{m}} \tag{5.24}$$

其中，改写后的伦纳德项为

$$L_{ij}^{\mathrm{m}} = \overline{\bar{u}_i \bar{u}_j} - \bar{\bar{u}}_i \bar{\bar{u}}_j \tag{5.25}$$

改写后的叉积项为

$$C_{ij}^{\mathrm{m}} = \overline{\bar{u}_i u_j'} + \overline{u_i' \bar{u}_j} - (\bar{\bar{u}}_i \overline{u_j'} + \overline{u_i'} \bar{\bar{u}}_j) \tag{5.26}$$

改写后的 SGS 雷诺应力项为

$$R_{ij}^{\mathrm{m}} = \overline{u_i' u_j'} - \bar{u}_i' \bar{u}_j' \qquad (5.27)$$

改写后的伦纳德项 L_{ij}^{m} 由过滤网格尺度速度决定,但 C_{ij}^{m} 和 R_{ij}^{m} 需要使用模型进行估值。

为了使湍流应力 $\tau(u,v) = \overline{uv} - \bar{u}\,\bar{v}$ 满足伽利略不变量,系统必须保持以恒定速度 (α,β) 进行移动才能满足 $\tau(u+\alpha, v+\beta) = \tau(u,v)$。如果将 $u^* = u + U$ 中的速度 U 设为恒定的速度 $\bar{U}$,那么可以得到 $\overline{u^*} = \bar{u} + U$ 以及 $u^{*'} = u'$。因此伦纳德项 L_{ij} 变为

$$L_{ij} = \overline{\overline{u_i^*}\,\overline{u_j^*}} - \overline{\overline{u_i^*}}\,\overline{\overline{u_j^*}} - (\overline{\overline{u_i^*}} - \overline{\overline{u_i^*}})U_j - (\overline{\overline{u_j^*}} - \overline{\overline{u_j^*}})U_i \qquad (5.28)$$

但是,由于 U 仍然保留在表达式中,它不是伽利略不变量,而改写后的 L_{ij}^{m} 就变成了伽利略不变量:

$$L_{ij}^{\mathrm{m}} = \overline{\overline{u_i^*}\,\overline{u_j^*}} - \overline{\overline{u_i^*}} \qquad (5.29)$$

改写后的伦纳德项 L_{ij}^{m} 和伦纳德项 L_{ij} 之间的差为

$$B_{ij} = L_{ij}^{\mathrm{m}} - L_{ij} = \overline{\bar{u}_i \bar{u}_j} - \overline{\bar{u}}_i \overline{\bar{u}}_j \qquad (5.30)$$

B_{ij} 被称为尺度相似项,将在 5.4 节讨论的模型中使用。

5.3 司马格林斯基模型

司马格林斯基(Smagorinsky)模型是在 LES 中使用最广泛的模型之一,它将滤波器的宽度定义为特征长度 Δ。该模型最初用在计算网格非常粗糙的高雷诺数的大气流动模拟中。目前,司马格林斯基模型广泛应用于分析各种学术和工业的湍流问题中。

5.3.1 局部平衡和涡流黏度假设

经过流场的过滤,动能 $\bar{k} = \overline{u_k u_k}/2$ 被分配到网格尺度能量 $k_{\mathrm{GS}} = \overline{u_k}\,\overline{u_k}/2$ 和亚网格尺度能量 $k_{\mathrm{SGS}} = (\overline{u_k u_k} - \overline{u_k}\,\overline{u_k})/2$ 上。

网格尺度能量 k_{GS} 的守恒关系为

$$\frac{\overline{D} k_{\mathrm{GS}}}{\overline{D}t} = \tau_{ij}\overline{D}_{ij} - \bar{\varepsilon}_{\mathrm{GS}} + \frac{\partial}{\partial x_j}\left(-\bar{u}_i \tau_{ij} - \frac{\overline{p u_j}}{\rho} + \nu \frac{\partial k_{\mathrm{GS}}}{\partial x_j}\right) \qquad (5.31)$$

式中,$\tau_{ij}\overline{D}_{ij}$ 代表能量传输到亚网格尺度能量 k_{SGS} 的速率。因此,对于亚网格尺度能量 k_{SGS} 的守恒关系为

$$\frac{\overline{D} k_{\mathrm{SGS}}}{\overline{D}t} = -\tau_{ij}\overline{D}_{ij} - \varepsilon_{\mathrm{SGS}} + \frac{\partial}{\partial x_j}\left[\bar{u}_i \tau_{ij} - \frac{1}{2}(\overline{u_i u_i u_j} + \overline{u_j u_i u_i}) - \frac{\overline{p u_j} - \bar{p}\bar{u}_j}{\rho} + \nu \frac{\partial k_{\mathrm{SGS}}}{\partial x_j}\right]$$

$$(5.32)$$

式中，$-\tau_{ij}\overline{D}_{ij}$ 为能量生产率。假设局部平衡，亚网格尺度能量耗散率 ε_{SGS} 可以写成

$$\varepsilon_{SGS} = \overline{\varepsilon} - \overline{\varepsilon}_{GS} = \nu\overline{\frac{\partial u_i}{\partial x_j}\frac{\partial u_i}{\partial x_j}} - \nu\frac{\partial \overline{u}_i}{\partial x_j}\frac{\partial \overline{u}_i}{\partial x_j} \tag{5.33}$$

但是，认为 k 是网格尺度能量与亚网格尺度能量的和 $(k_{GS}+k_{SGS})$ 是错误的，和应该是 $\overline{k}$。当 LES 结果与网格尺度能量计算的结果进行比较时，应该过滤从实验或 DNS 得到的动能分布。

从亚网格尺度能量耗散率 ε_{SGS} 与能量生产率的平衡可以得出

$$\varepsilon_{SGS} = -\tau_{ij}\overline{D}_{ij} \tag{5.34}$$

对于 SGS 应力 τ_{ij}，如果用涡流黏度类比物理黏度或雷诺应力涡流黏度，那么可以得到

$$\tau_{ij}^{a} = -2\nu_e\overline{D}_{ij} \tag{5.35}$$

式中，ν_e 称为 SGS 涡流黏度系数。为了方便，用上标 a 来表示应力的各向异性分量，比如 $\tau_{ij}^{a} = \tau_{ij} - \delta_{ij}\tau_{kk}/3$。注意，在条件 $(\overline{D}_{ii}=0)$ 下，有

$$\overline{D}_{ij}\tau_{ij}^{a} = \tau_{ij}\overline{D}_{ij}$$

把式(5.35)代入动量方程(5.16)，可以得到

$$\frac{\partial \overline{u}_i}{\partial t} + \frac{\partial(\overline{u}_i\overline{u}_j)}{\partial x_j} = -\frac{1}{\rho}\frac{\partial \overline{P}}{\partial x_i} + \frac{\partial}{\partial x_j}\left[2(\nu+\nu_e)\overline{D}_{ij}\right] \tag{5.36}$$

通过得到的 SGS 涡流黏度系数 ν_e 可以同时求解方程(5.13)和方程(5.36)，进而确定过滤速度场 $\overline{u}_i$ 和修正压力 $\overline{P} = \overline{p} + \frac{1}{3}\rho\tau_{kk}$。目前，还需要提供估算 ν_e 的一种模型。假设局部平衡和涡流黏度近似为推导评价涡流黏度系数的司马格林斯基模型的基础，其过程描述如下。

5.3.2 司马格林斯基模型的推导

涡流黏度的维数为速度(q)和长度(l)的乘积成比例，可以表示为

$$\nu_e = C_{\nu}ql \tag{5.37}$$

根据方程(5.34)的局部平衡假设，由涡流黏度近似方程(5.35)可得到 $\varepsilon_{SGS} = 2\nu_e\overline{D}_{ij}\overline{D}_{ij}$。考虑到耗散率的大小，可以得出

$$\nu_e\overline{D}_{ij}\overline{D}_{ij} = C_S q^3/l \tag{5.38}$$

假设 l 是过滤宽度，根据 q 和 l 控制的尺度，使用方程(5.37)和方程(5.38)消除 q 项，则网格尺度的涡流黏度系数为

$$\nu_e = (C_S\Delta)^2\,|\,\overline{\boldsymbol{D}}\,| \tag{5.39}$$

这个模型被称为司马格林斯基模型。这时，$|\overline{\boldsymbol{D}}|$ 代表应变张量的范数。

$$|\bar{\boldsymbol{D}}| = \sqrt{2\overline{D}_{ij}\overline{D}_{ij}} \tag{5.40}$$

方程(5.38)和方程(5.39)中的常数 C_S 被称为司马格林斯基常数,是唯一需要提供的无量纲常数。

从上述的局域平衡假设出发,有

$$\varepsilon_{SGS} = (C_s \Delta)^2 |\bar{\boldsymbol{D}}|^3 \tag{5.41}$$

修正压力与出现在涡黏性雷诺时均(RANS)模型中的压力 $\bar{P} = \bar{p} + \dfrac{2}{3}\rho k$ 类型不同,但可以使用结合各向同性的应力分量的方法耦合。

接下来考虑湍流统计理论,用 Lilly 估计:

$$\frac{1}{2}|\bar{\boldsymbol{D}}|^2 = \int_0^{\pi/\Delta} k^2 E(k)\,\mathrm{d}k = \frac{3}{4}\alpha\varepsilon^{2/3}\left(\frac{\pi}{\Delta}\right)^{4/3} \tag{5.42}$$

这里使用了柯尔莫哥洛夫(Kolmogorov)频谱 $E(k) = a\varepsilon^{2/3}k^{-5/3}$。当 Δ 在惯性子区时,可以把黏性耗散近似为约等于亚网格尺度耗散。因此

$$C_s = \frac{1}{\pi}\left(\frac{3\alpha}{2}\right)^{-3/4} = 0.235\alpha^{-3/4} \tag{5.43}$$

将柯尔莫哥洛夫常数 $\alpha = 1.5$ 代入,可得到 $C_S = 0.173$,这可以作为司马格林斯基常数的理论值使用。

综上所述,假设局部平衡并利用特征长度尺度的涡流黏度,推导出了司马格林斯基模型。该模型可以进一步结合柯尔莫哥洛夫频谱来估计唯一的无量纲参数 C_S。

5.3.3 司马格林斯基模型的特点

由方程(5.35)和方程(5.39)提供的亚网格尺度模型可以较好地预测整体能量的消散,从而选择更加合适的司马格林斯基常数 C_S。然而,这种模型并不能很好地再现局部的亚网格湍流行为。实际 SGS 分量是根据过滤分解 DNS 结果得到的,而 SGS 分量是在 SGS 模型基于网格规模计算的基础上得到的,通过比较 SGS 分量和实际 SGS 分量可以得出,它们有较低的相关性。

各种文献结果说明,各向同性湍流中,使用理论值 C_S 能使带有司马格林斯基模型的 LES 计算结果与实验测量结果匹配得相当好。然而,计算剪切流时 C_S 的值需要被修改在 0.10 和 0.15 之间的一个较低值。因此,司马格林斯基常数不是万能的。

模型中,由于涡流黏度 ν 总是正值,所以由 k_{SG} 到 k_{SGS} 转移的能量并不能代表逆向变化(相反散射)。而在现实中存在小尺度能量被转移到大尺度能量流动区域中的情况。在平均意义上,能量输向较小的尺度,然后是耗散的尺度;在非平均意义上,能量可以局部地向相反的方向转移。然而,模型具有的这个缺点只适用于某些方面,因为逆向变化会导致数值不稳定,这些将在后面详细描述。

当网格分量的速度梯度不为零时,就有 $|\bar{D}| > 0$,相应的在方程(5.39)中就有正的亚网格尺度湍流黏度。因此,校正应确保 τ_{ij} 在层流中为零。这就导致了使用开关(开或关)来控制模型是否用于瞬态流动,或控制模型重新返回层流时,基于局部流动是层流还是湍流来控制开关。

对于壁面附近的流动,确保能量守恒并不满足生产与耗散之间的局部平衡。如果在无滑移边界条件下分析区域的流动时,则需要在壁面处引入阻尼以得到 $\tau_{ij} = 0$。

司马格林斯基模型的缺点导致它有局限性。然而,模型提供了实际应用所需的数值稳定性,使其适用于许多实际的模拟。所以,其稳定性大受欢迎。

5.3.4　壁面附近的修正

与 $k\text{-}\varepsilon$ 模型相似,LES 通过以下方法处理壁面附近的流动:
(1) 粗网格加壁面函数;
(2) 在无滑移边界条件下加具有足够分辨率的网格。

1. 壁面函数的应用

壁面函数的具体实施方式与它纳入 $k\text{-}\varepsilon$ 模型中的方法相类似。不同的是,LES 采用的速度场包括湍流的波动,而不是像 $k\text{-}\varepsilon$ 模型那样使用平均速度场。请注意,壁面函数的使用是建立在一个平均的概念上的。因此严格来说,在 LES 中应用一个有效的局部瞬时流量壁面函数并不完全合适。

如图 5.5 所示,考虑一个沿壁流动,其中 x、y、z 分别表示流线、壁面的法线和宽度方向。在相邻壁面的网格中心,假设网格尺度速度是可用的,对于交错网格,这个速度可以是相邻速度的平均值。对于同位网格,可以使用单元网格中心的速度值。此时,速度分量 $\bar{u}_p$ 和 $\bar{w}_p$ 将提供远离壁面点 y_p 的速度。这使得在采用壁面函数 $F(u_\tau) = 0$ 求解近壁面剪切速度时会发生问题。

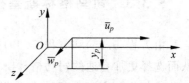

图 5.5　壁面网格节点上的壁面切线速度

采用壁面函数,常使用对数函数:

$$F(u_\tau) = \frac{\bar{u}_p}{u_\tau} - \frac{1}{k} \ln \frac{y_p u_\tau}{\nu} - B = 0 \tag{5.44}$$

上述方法很普遍。剪切速度可以用牛顿-拉夫逊法求出:

$$u_\tau^{m+1} = u_\tau^m - \frac{F(u_\tau^m)}{F'(u_\tau^m)}, \quad m = 0, 1, 2, \cdots \tag{5.45}$$

上式为迭代的方式。使用对数函数时,$F'(u_\tau) = -\left(\dfrac{\bar{u}_p}{u_\tau} + \dfrac{1}{k}\right)/u_\tau$。

$\bar{u}_p$ 值的选择有一定的空间,可以为瞬时局部主流速度 $\bar{u}_p$ 的值,也包括展向速度 $(\bar{u}_p^2 + \bar{w}_p^2)^{\frac{1}{2}}$ 的值,或在适当的区域内采取平均速度值 $\langle\bar{u}_p\rangle$。如果专注于捕捉壁面剪切应力的波动 $\tau_w = \rho u_\tau^2$,那么在瞬时局部速度的使用中允许解决方案具有较高的分辨率。仅在平均意义上保持壁面函数的角度来看,如果可以识别统计均匀方向(例如,通道流场中的壁面平行方向),才可能使用 $\bar{u}_p$。但很难说选择哪个代表速度值是最佳的。

相对于雷诺平均 N-S 方程,LES 也关注速度波动。因此,必须规定速度波动的边界条件。如图 5.6 所示,若第一速度值在远离壁面的对数区域,则定义零速度会使得在壁面附近难以捕捉正确的速度梯度。当使用粗网格时,无滑移边界条件需要放宽,以获得正确的速度梯度分布。假设速度和波动遵循对数定律,那么可以沿着壁面推导出以下计算式:

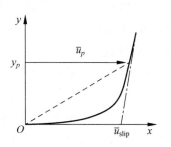

图 5.6 近壁面网格中的速度分布

$$\frac{\partial \bar{u}}{\partial y} = \frac{u_\tau}{ky}, \quad \frac{\partial^2 \bar{u}}{\partial y^2} = -\frac{u_\tau}{ky^2} \tag{5.46}$$

除以上方法外,对于相应的流场,如果利用合适的壁面函数 $F(u_\tau) = 0$,并将壁面指定为无滑移条件,则可以有效降低所需要网格点的数量要求。应该指出的是,壁面剪切应力 τ_w 可以由算出的模型提供,但应用壁面函数会导致无法挽回的壁面压力的问题(稍后方程(5.108)会说明,离开壁面的某个位置 $\tau_{ii} \neq 0$)。

第一个相较于对数分布区域的网格点有可能更靠近壁面。即使可以插入在区域内有效的校正壁面模型,但是在区域内将不能有效地使用司马格林斯基模型。如果靠壁面的第一个网格点位于子层,则可以采用下面所述的阻尼函数法进行处理。

2. 阻尼函数法

规定无滑移边界条件的网格尺度的速度,在壁面的亚网格尺度分量波动均为零。尽管如此,网格尺度速度分布是非零梯度,式(5.39)引入了亚网格尺度的湍流脉动,需要取消湍流波动,来执行无滑移边界条件。在司马格林斯基模型中,纳入了阻尼函数 f_S。对于涡流黏度,有

$$\nu_e = (C_S f_S \Delta)^2 \, |\, \overline{D} \,| \tag{5.47}$$

其中,Van Driest 函数

$$f_S = 1 - \exp\left(-\frac{y^+}{A^+}\right) \tag{5.48}$$

往往被导入,这里无因次常数 $A^+ \approx 25$。

在式(5.48)中,唯一无法确定的可能就是 $y^+ = yu_\tau/\nu$。u_τ 值有选择的余地,比如使用紧靠壁面附近的局部值或使用某一平均值。选择不同的 u_τ 值,有可能使得湍流涡度分布

发生一些变化,但很难确定一种选择是否优于另一个选择。在分离点附近,确定 u_τ 值将是一个挑战。对于围绕角落的流动,如何定义 y,则较为任意。

要指定无滑移边界条件,从黏性子层到缓冲区需要平稳地定位一些网格点。如果靠近壁面的第一个节点在黏性子层,湍流应力可以忽略,壁面剪切应力 τ_w 和剪切速率 u_τ 可以从 $\tau_w = \rho u_\tau^2 = \mu \, | \partial \bar{u} / \partial y \, |_{\text{wall}}$ 中确定。

与雷诺平均模型相比,亚网格模型不严格依存于离壁面的定义或近壁的渐近速度变化,这是因为网格的分量为 LES 计算出的湍流脉动的重要组成部分,而亚网格尺度分量是湍流脉动的组成部分。此外,之前已经讨论了,司马格林斯基模型的目的是通过亚网格尺度波动表达平均能量的耗散,而不是准确预测局部亚网格尺度的波动。仅仅靠修正阻尼函数来尝试提高局部精度是不可取的。

对于不与壁面对齐的流动,可以应用无滑移边界条件,并无需加入修正函数来提高精度的动态模型。这种方法更适合推广普及。

5.4　尺度相似模型

5.4.1　Bardina 模型

过滤亚网格尺度的分量的定义式 $u_i' = u_i - \bar{u}_i$ 的两边,可得到 $\bar{u}_i' = \bar{u}_i - \bar{\bar{u}}_i$。注意,这个表达式的两边都不是零。速度 $\bar{u}_i'$ 表示由过滤亚网格尺度速度抽出的相对大型的分量。网格规模的分量及其双重过滤值之间的差异(网格尺度的相对较大的波动) $\bar{u}_i - \bar{\bar{u}}_i$,是指在网格尺度的规模下相对较小的波动。因此,关系式 $\bar{u}_i' = \bar{u}_i - \bar{\bar{u}}_i$ 意味着拥有相邻尺度的涡之间具有相似性。基于这一观念,叉积项和次网格尺度的雷诺应力模型可以表示为

$$\overline{u_i' \bar{u}_j} = (\bar{u}_i - \bar{\bar{u}}_i)\bar{u}_j, \quad \overline{\bar{u}_i u_j'} = \bar{u}_i(\bar{u}_j - \bar{\bar{u}}_j) \tag{5.49}$$

$$\overline{u_i' u_j'} = (\bar{u}_i - \bar{\bar{u}}_i)(\bar{u}_j - \bar{\bar{u}}_j) \tag{5.50}$$

叉积项和雷诺应力的和可以写为

$$C_{ij} + R_{ij} = \overline{u_i' \bar{u}_j + \bar{u}_i u_j'} + \overline{u_i' u_j'} = \overline{\bar{u}_i \bar{u}_j} - \bar{\bar{u}}_i \bar{\bar{u}}_j \tag{5.51}$$

这与方程(5.28)中的 B_{ij} 相对应。以上被称为尺度相似模型或 Bardina 模型。以上方程进一步加入 L_{ij} 可写为

$$\tau_{ij} = \overline{\bar{u}_i \bar{u}_j} - \bar{\bar{u}}_i \bar{\bar{u}}_j \tag{5.52}$$

也就是说,Bardina 模型[23]提供的 τ_{ij} 和修正的伦纳德项 L_{ij}^m 相匹配,这时 $C_{ij}^m + R_{ij}^m$ 被设置为零。

假设主轴是对齐的,涡流黏度模型使 τ_{ij} 成为 D_{ij} 的一个标量乘数。尺度相似性模型不受这个假设的限制。这就是 Bardina 模型和 DNS 数据库的结果相关性较高的原因之一。这意味着,在 Bardina 模型中,使用在 DNS 数据库中过滤结果得到的 $\bar{u}$ 值计算出的 τ_{ij} 与由亚滤波尺度得到的 u' 值计算的 τ_{ij} 在局部匹配得很好。然而,尺度相似模型本身是不常用的,因为它不引入任何耗散,破坏了数值计算的稳定性。

5.4.2 混合模型

次网格尺度的分量包括通过过滤操作去除的所有尺度的涡(或涡结构)。尺度相似模型适用于有关的网格规模以及亚网格尺度分量中相对较大的尺度结构。基于涡流黏度的司马格林斯基模型,表示了耗散的单向影响,并捕捉了尺度相似模型在最小尺度的平均性能。换句话说,如图 5.7 所示,尺度相似模型和涡流黏度模型具有不同的机制,如果考虑次网格尺度的分量属性,结合两个方法的结果将会更好。

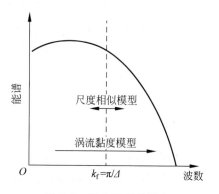

图 5.7　混合模型的概念

基于上述讨论,混合模型可以被表述为

$$\tau_{ij}^{\mathrm{a}} = L_{ij}^{\mathrm{m}} - 2(C_S\Delta)^2\overline{\mid D\mid}\,\overline{D}_{ij} \tag{5.53}$$

在这个模型中,L_{ij}^{m} 可直接计算得到,而 $C_{ij}^{\mathrm{m}} + R_{ij}^{\mathrm{m}}$ 由司马格林斯基模型提供。

方程(5.52)表达的 Bardina 模型和方程(5.53)表达的基于 Bardina 的混合模型,结果都取决于滤波函数的选择。对于光谱截止滤波器,如图 5.8(a)所示,在多个过滤操作下,滤波结果不变。这意味着,应用了双过滤的 $L_{ij}^{\mathrm{m}} = 0$,使得尺度相似性的使用不再限制于两次使用同一个滤波器。图 5.8(b)所示的高斯滤波器,$\bar{u}$ 和 u' 分布在整个波的空间,但留下一些模糊的尺度分离。正如初步探讨的一样,模拟实际基于尺度相似定律的湍流是很难的。尺度相似的概念利用在 5.5 节描述的动态模型中更适合。

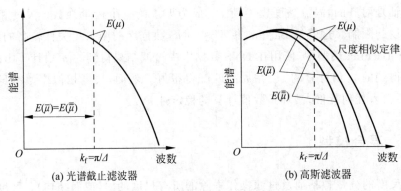

图 5.8   尺度相似模型与滤波的关系

5.5   动态模拟

虽然司马格林斯基模型不能以局部湍流提供反映整体能源消耗相应的结果,但它的数值稳定性高,能模拟广泛的湍流问题。该模型要求对各向异性流动或近壁区域进行进一步修正。因此,需努力发展利用网格尺度的速度梯度,同时也利用局部网格湍流机理来确定亚网格尺度湍流黏度的司马格林斯基模型。

5.5.1   动态涡黏度模型

为了克服司马格林斯基模型中的一些缺点,可以考虑在网格尺度速度场 $\bar{u}$ 中,通过动态确定,而不是靠经验来选择常数 C_S 的值。动态确定 C_S 值的模型,称为动态司马格林斯基模型(dynamic smagorinsky model,DSM)。

1. Germano 模型

Germano 等[24]利用测试滤波器 G 来提取相对较小网格尺度分量的结构。测试滤波器的操作过程为

$$\tilde{f}(x) = \int_{-\infty}^{\infty} \widetilde{G}(y) f(x-y) \mathrm{d}y \tag{5.54}$$

为了区分 LES 控制方程推导过程中使用的测试滤波器和原始滤波器,将原始滤波器作为网格滤波器。采用的测试滤波器的宽度大于网格滤波器。在进行网格过滤的 N-S 方程中应用测试滤波器方程(5.14),得到

$$\frac{\partial \tilde{\bar{u}}_i}{\partial t} + \frac{\partial \tilde{\bar{u}}_i \tilde{\bar{u}}_j}{\partial x_i} = -\frac{1}{\rho} \frac{\partial \tilde{\bar{p}}}{\partial x_i} + \frac{\partial}{\partial x_i}(-T_{ij} + 2\nu \tilde{\bar{D}}_{ij}) \tag{5.55}$$

式中,

$$\tilde{\bar{D}}_{ij} = \frac{1}{2}\left(\frac{\partial \tilde{\bar{u}}_i}{\partial x_j} + \frac{\partial \tilde{\bar{u}}_j}{\partial x_i}\right) \tag{5.56}$$

$$T_{ij} = \widetilde{\overline{u_i u_j}} - \tilde{\bar{u}}_i \tilde{\bar{u}}_j \tag{5.57}$$

T_{ij} 表示测试滤波后剩余的湍流应力。T_{ij} 项无法计算，但可以用下式估算：

$$\mathcal{L}_{ij} = T_{ij} - \tilde{\tau}_{ij} \tag{5.58}$$

　　上述计算是通过应用测试滤波器过滤网格尺度分量实现的。上述方程也称为 Germano 同一性。$\mathcal{L}_{ij}$ 和 T_{ij} 之间的关系为

$$\mathcal{L}_{ij} = T_{ij} - \tilde{\bar{\tau}}_{ij} \tag{5.59}$$

利用司马格林斯基模型，可以近似求出

$$\tau_{ij}^{\mathrm{a}} = -2C\bar{\Delta}^2 \mid \bar{D} \mid \bar{D}_{ij} \tag{5.60}$$

$$T_{ij}^{\mathrm{a}} = -2C\bar{\Delta}^2 \mid \tilde{\bar{D}} \mid \tilde{\bar{D}}_{ij} \tag{5.61}$$

　　这里，赋给 τ_{ij} 和 T_{ij} 一个共同的常数 C。还有，用 C 取代 C_{S}^2 也可以赋给 τ_{ij} 和 T_{ij} 负值。方程中的 $\bar{\Delta}$ 和 $\tilde{\Delta}$，分别是网格滤波器 $\bar{G}$ 和测试滤波器 G 波的特征长度，比值为 $\gamma \equiv \Delta/\bar{\Delta} > 1$。

　　通过将式(5.60)和式(5.61)代入式(5.59)，并假设在测试组件里 $\bar{\Delta}$ 和 C 是常数，$\mathcal{L}_{ij}$ 的各向异性分量可以写为

$$\mathcal{L}_{ij}^{\mathrm{a}} = -2C\bar{\Delta}^2 M_{ij} \tag{5.62}$$

$$M_{ij} = \gamma^2 \mid \tilde{\bar{D}} \mid \tilde{\bar{D}}_{ij} - \widetilde{\mid \bar{D} \mid \bar{D}_{ij}} \tag{5.63}$$

将 $\bar{D}_{ij}$ 乘以上述方程的两边，有

$$\mathcal{L}_{mn}\bar{D}_{mn} = -2C\bar{\Delta}^2 M_{ij}\bar{D}_{ij} \tag{5.64}$$

这里，有 $\mathcal{L}_{ij}^{\mathrm{a}}\bar{D}_{ij} = \mathcal{L}_{ij}\bar{D}_{ij}$，其中 $\bar{D}_{ij}$ 不留痕迹。得到

$$C = -\frac{1}{2\bar{\Delta}^2}\frac{\mathcal{L}_{mn}\bar{D}_{mn}}{M_{ij}\bar{D}_{ij}} \tag{5.65}$$

SGS 涡流黏度系数为

$$\nu_{\mathrm{e}} = -\frac{1}{2}\frac{\mathcal{L}_{mn}\bar{D}_{mn}}{M_{ij}\bar{D}_{ij}} \mid \bar{D} \mid \tag{5.66}$$

　　以上是 DSM 的基本形式。注意，方程(5.65)中的 $\mathcal{L}_{mn}$ 需要根据方程(5.58)，而不是方程(5.62)估算。唯一需要的输入参数是在 DSM 内的滤波器宽度的比 γ。

　　当确定亚网格尺度湍流黏度系数时，DSM 比原始的司马格林斯基模型更有优势。一旦选择到合适的滤波器宽度比例 γ，就可无需使用经验参数算出涡流黏度。如果网格和测试滤波器之间没有湍流尺度，$\mathcal{L}_{ij}$ 就消失，涡流黏度变为零。因此，不需要任何特殊的转换来切

换动态模型层流和湍流或定义近壁面的阻尼函数。此外,亚网格尺度能量耗散 $\varepsilon_{\mathrm{SGS}} = \tau_{ij}$ 可以取负值,以模拟能量的逆向变化过程。

另一方面,由于湍流状态 C 的波动,可能引发数值不稳定问题,而 C 的值在空间上大幅度波动,方程(5.65)的分母可能变得格外小。这两种现象都会导致数值不稳定。作为一种补救措施,在实际计算时,采用某些形式的平均值以减缓局部 C 的波动。例如,可以为各向同性湍流采用体积平均的方法,为通道流场采用壁面法线平面平均的方法,或为平均管道流采用流向平面平均的方法等。因此,现实中的式(5.65)普遍由下式取代:

$$C = -\frac{1}{2\bar{\Delta}^2} \frac{\langle \mathcal{L}_{mn}\overline{D}_{mn} \rangle}{\langle M_{kl}\overline{D}_{kl} \rangle} \tag{5.67}$$

然而,导入平均值会使 DSM 的性质和最初所设想的有些不一样。

2. Lilly 最小二乘法

Lilly 最小二乘法常用来确定 DSM 中的常数。由于在对称性和无痕条件下执行,方程(5.62)中的张量 $\mathcal{L}_{ij}$ 只有 5 个独立的元素。然而,没有一个可以独立满足方程(5.62)中的所有 5 个元素的标量 C。Lilly 所采取的方法是使误差最小化。

$$e_{ij} = \mathcal{L}_{ij}^{\mathrm{a}} + 2C\bar{\Delta}^2 M_{ij} \tag{5.68}$$

以最小二乘法求解以下方程,将平方误差 $E = e_{ij}e_{ij}$ 最小化:

$$\frac{\partial E}{\partial C} = 4\bar{\Delta}^2 (2CM_{ij}M_{ij} + \mathcal{L}_{ij}M_{ij}) = 0 \tag{5.69}$$

求出 C 的值。因为 $\frac{\partial^2 E}{\partial C^2} = 8\bar{\Delta}^2 M_{ij}M_{ij} \geqslant 0$,发现 C 的确提供了最小 E。再根据无痕条件 ($M_{ij} = 0$),有 $\mathcal{L}_{ij}M_{ij}^{\mathrm{a}} = \mathcal{L}_{ij}M_{ij}$,便可求得相应的最优先取值 C。

除非 $|M| = 0$,使用 Lilly 最小二乘法时,上述式子的分母总是正值。C 值的波动较大,可能会导致数值不稳定,所以在使用 Germano 方法(方程(5.65))时通常避免该公式以 0 作分母。实际上,使用 Lilly 最小二乘法往往需要实施类似式(5.67)的平均:

$$C = -\frac{1}{2\bar{\Delta}^2} \frac{\langle \mathcal{L}_{mn}M_{mn} \rangle}{\langle M_{kl}M_{kl} \rangle} \tag{5.70}$$

或建立 C 的上限和下限。

通常是用 Lilly 最小二乘法代替 Germano 的原始算式,不仅适用于 DSM,也适用于下面讨论的方法中。

5.5.2 动态模型的扩展

DSM 允许 $C(x,t)$ 在亚网格尺度涡流黏度模型中取负值。然而,这会给计算的稳定性带来困难。导致这个问题的原因是：

（1）使用负涡流黏度表示逆向变化；

（2）在推导方程(5.62)时，从测试滤波器中抽出参数 C 时引起了数学上的矛盾。

需要注意，逆向变化不是由扩散过程而是由非线性涡的融合引起的。为了正确反映这种现象，可以考虑采用动态混合模型解决第一个问题，同时，采用动态定位模型解决第二个问题。

混合模型可以改变不稳定现象，而定位模型会增加计算工作量。尽管这些模型没有被广泛使用，但列举这些模型的基本概念，是为了帮助深入理解各种构成 DSM 基本结构的修正方法。

1. 动态混合模型

通过提供一个混合模型捕捉逆向变化效应，涡流黏度项可以反映能量扩散的主要机制。在使用混合模型作为动态模型的基础时，可以在适当的范围内取 C 的值。此外，使用这种动态模型还可以消除主轴 τ_{ij} 和 $\overline{D}_{ij}$ 对齐所需的约束。基于上述方法的模型被称为动态混合模型。

对 τ_{ij}^{a} 和 T_{ij}^{a}，除了可以使用方程(5.58)和方程(5.59)所示的次网格尺度涡流黏度模型外，还可以使用其他模型，诸如：使用亚网格尺度的 (H_{ij}^{a}) 和子测试尺度的 (h_{ij}^{a})。因此，有

$$\tau_{ij}^{a} = -2C\overline{\Delta}^{2} \mid \overline{D} \mid \overline{D}_{ij} + h_{ij}^{a} \tag{5.71}$$

$$T_{ij}^{a} = -2C\widetilde{\Delta}^{2} \mid \widetilde{\overline{D}} \mid \widetilde{\overline{D}}_{ij} + H_{ij}^{a} \tag{5.72}$$

适用于各向异性分量。Germano 同一性模型适用于各向异性的部分为

$$\mathcal{L}_{ij}^{a} = -2C\overline{\Delta}^{2}M_{ij} + N_{ij}^{a} \tag{5.73}$$

式中，$N_{ij} = H_{ij} - \tilde{h}_{ij}$。利用 Lilly 最小二乘法求解 C，使得 $E = (\mathcal{L}_{ij}^{a} - N_{ij}^{a} + 2C\overline{\Delta}^{2}M_{ij})^{2}$ 最小化，可以发现：

$$C = -\frac{1}{2\overline{\Delta}^{2}} \frac{(\mathcal{L}_{mn} - N_{mn})M_{mn}}{M_{kl}M_{kl}} \tag{5.74}$$

以上是动态混合模型的一般表示方法。

2. 动态定位模型

Ghosal 等[25]试图克服数学假设不一致的困难。假设 C 在测试滤波器内部不变，这是一个与 DSM 和动态混合模型相关的问题。这时，考虑到误差

$$e_{ij} = \mathcal{L}_{ij}^{a} + 2\overline{\Delta}^{2}(\gamma^{2}C \mid \widetilde{\overline{D}} \mid \widetilde{\overline{D}}_{ij} - C\widetilde{\mid \overline{D} \mid \overline{D}_{ij}}) \tag{5.75}$$

及其平方的空间积分

$$F[C] = \int e_{ij}(\boldsymbol{x})e_{ij}(\boldsymbol{x})\mathrm{d}x \tag{5.76}$$

由 Ghosal 等所提出的方法为当 $\delta F = 0$ 时确定 C。求解 Fredholm 积分方程得到了第二类 $C(\boldsymbol{x})$：

$$C(\boldsymbol{x}) - \int k(\boldsymbol{x},\boldsymbol{y}) C(\boldsymbol{y}) \mathrm{d}y = f(\boldsymbol{x}) \tag{5.77}$$

上式可以迭代求解。同时也有另一个解决方案的技术，那就是利用本地化的近似方式从而减少计算时间。上述模型为动态定位模型，该模型解决了假设测试滤波器内常数 C 而引起的不一致性问题。

5.6 　 其他 SGS 涡流黏度模型

5.6.1 　 结构功能模型

当亚网格尺度波动可近似为各向同性并遵循柯尔莫哥洛夫频谱分布时，Metais[26] 和 Lesieur[27] 将 SGS 涡黏度系数表达为

$$\nu_{\mathrm{e}} = \frac{2}{3} \alpha^{-\frac{3}{2}} \left[\frac{E_x(k_{\mathrm{f}})}{k_{\mathrm{f}}} \right]^{\frac{1}{2}} \tag{5.78}$$

式中，α 是柯尔莫哥洛夫常数；$k_{\mathrm{f}} = \pi/\Delta$ 是对应于滤波器宽度的波数；E_x 是能量频谱。但是在物理空间中这个方程不能直接用于 LES。

现在，使用结构函数：

$$F_2(x,r,t) = \langle \parallel u(x+r,t) - u(x,t) \parallel^2 \rangle \tag{5.79}$$

式中，$r = |r|$；$\langle \rangle$ 代表系统平均。使用过滤宽度 Δ 作为代表长度，可以写出 F_2 和 E_2 的关系式：

$$F_2(\boldsymbol{x},\Delta,t) = 4 \int_0^{k_{\mathrm{f}}} E_x(k,t) \left[1 - \frac{\sin(k\Delta)}{k\Delta} \right] \mathrm{d}x \tag{5.80}$$

对于间距均匀的笛卡儿网格，可以用过滤速度值在相邻六点逼近结构函数：

$$F_2(\boldsymbol{x}_{i,j,k},\Delta,t) = \frac{1}{6}(\parallel \bar{u}_{i+1,j,k} - \bar{u}_{i,j,k} \parallel^2 + \parallel \bar{u}_{i-1,j,k} - \bar{u}_{i,j,k} \parallel^2 +$$

$$\parallel \bar{u}_{i,j+1,k} - \bar{u}_{i,j,k} \parallel^2 + \parallel \bar{u}_{i,j-1,k} - \bar{u}_{i,j,k} \parallel^2 + \parallel \bar{u}_{i,j,k+1} - \bar{u}_{i,j,k} \parallel^2 +$$

$$\parallel \bar{u}_{i,j,k-1} - \bar{u}_{i,j,k} \parallel^2) \tag{5.81}$$

在网格比较精细的方向（例如湍流剪切流）上的可变值需要被删除，而不是使用四点评估法进行求解。通过使用结构函数 F_2 和假设保留低波数（$k \leqslant k_{\mathrm{f}}$）的 $E_x(k,t) = \alpha \varepsilon(t)^{2/3} k^{-5/3}$ 柯尔莫哥洛夫光谱，可以得到方程 (5.79) 的 SGS 涡黏度系数：

$$\nu_{\mathrm{e}}(\boldsymbol{x},t) = 0.105 \alpha^{-\frac{3}{2}} \Delta \sqrt{F_2(\boldsymbol{x},\Delta,t)} \tag{5.82}$$

此式为结构函数模型。如果能够正确评估 F_2，则该模型不需要壁面修正，因为 F_2 在近壁

衰减,与司马格林斯基模型不一样。

5.6.2 相干结构模型

小林(Kobayashi)[28]提出了相干结构模型(也称为小林模型),用来确定流场中湍流结构的 SGS 涡流黏度系数。取一个网格尺度速度场,用代数式(4.22)的形式分解其中对称的和不对称的速度梯度张量$\partial u_i / \partial x_j$ 部分:

$$\frac{\partial \bar{u}_i}{\partial x_j} = \bar{D}_{ij} + \bar{W}_{ij} \tag{5.83}$$

$$\bar{D}_{ij} = \frac{1}{2}\left(\frac{\partial \bar{u}_i}{\partial x_j} + \frac{\partial \bar{u}_j}{\partial x_i}\right), \quad \bar{W}_{ij} = \frac{1}{2}\left(\frac{\partial \bar{u}_i}{\partial x_j} - \frac{\partial \bar{u}_j}{\partial x_i}\right) \tag{5.84}$$

定义 $\bar{D}_{ij}$ 和 $\bar{W}_{ij}$ 的范围为

$$|\bar{D}| = \sqrt{2\bar{D}_{ij}\bar{D}_{ij}}, \quad |\bar{W}| = \sqrt{2\bar{W}_{ij}\bar{W}_{ij}} \tag{5.85}$$

并导入以下变量:

$$\bar{Q} = \frac{|\bar{W}|^2 - |\bar{D}|^2}{4} = -\frac{1}{2}\frac{\partial \bar{u}_i}{\partial x_j}\frac{\partial \bar{u}_j}{\partial x_i} \tag{5.86}$$

$$\bar{E} = \frac{|\bar{W}|^2 + |\bar{D}|^2}{4} = \frac{1}{2}\frac{\partial \bar{u}_i}{\partial x_j}\frac{\partial \bar{u}_j}{\partial x_i} \tag{5.87}$$

式中,$\bar{Q}$ 是网格尺度速度梯度张量的第二不变量(Q-准则);$\bar{E}$ 是网格尺度速度梯度张量幅值的平方。E 和动能耗散率成正比。基于这些变量,可以定义相干结构函数:

$$F_{CS} = \frac{\bar{Q}}{\bar{E}} \tag{5.88}$$

这可以看作是一个有着一系列$|F_{CS}|<1$ 被规范化量的第二不变量。在强旋转的流动场中,此函数接近 1。另一方面,当旋转剪切占主导地位时,流动的运动函数逼近 −1。在相干结构模型中,亚网格尺度应力为

$$\tau_{ij}^a = -2C\Delta^2 |\bar{D}| \bar{D}_{ij} \tag{5.89}$$

式中,

$$C = \frac{1}{20} |F_{CS}|^{\frac{3}{2}} \tag{5.90}$$

以 Y 代表壁面法线方向,当靠近平板壁面具有渐近线 $F_{CS} \propto Y^2$ 的分布时,相干结构功能接近零。在方程(5.90)中,指数为 3/2 的 F_{CS} 可以确保实现这样的渐近行为。这种相干结构模型适用于复杂几何形状物体周围的湍流流动。

如所提到的小节 4.3.6 中所述,旋转率张量 $\bar{W}_{ij}$ 不是一个实体的量。当坐标系在以 θ 点的角速度旋转时,可以使用 $\bar{W}_{ij} = \bar{W}_{ij} + \in_{ijk}\theta_k^*$ 来估算 Q 和 E。这时,* 表示组件在转动

参照系中。小林等建议使用下式：

$$C = \frac{1}{22} \mid F_{CS} \mid^{\frac{3}{2}} F_\Omega, \quad F_\Omega = 1 - F_{CS} \tag{5.91}$$

将结构函数模型扩展到旋转作用下的湍流流场。

SGS 涡黏度模型的比较：对于方程(5.35)中的涡流黏度系数，由方程(5.39)描述的司马格林斯基模型给出

$$\nu_e = (C_S \Delta)^2 \mid \overline{\boldsymbol{D}} \mid = 0.03\Delta^2 \mid \overline{\boldsymbol{D}} \mid \tag{5.92}$$

式中，$\alpha = 1.5, C_S = 0.173$(参考方程(5.41))。

在比较中，相干结构函数模型服从

$$\nu_e \approx 0.777(C_S \Delta)^2 \sqrt{\mid \overline{\boldsymbol{W}} \mid^2 + \mid \overline{\boldsymbol{D}} \mid^2} \tag{5.93}$$

也就是方程(5.81)的六节点格式。将该模型和司马格林斯基模型进行比较，提供了当 $\mid \boldsymbol{W} \mid < \mid \boldsymbol{D} \mid$ 时降低了的涡流黏度和增加了的涡流黏度。这意味着，根据该领域的涡流强度，使用结构功能模型增加了涡流黏度系数。然而，事实上，六点公式在固定壁面处的 ν_e 不会接近零。

在式(5.89)中的相干结构模型的 SGS 涡流黏度系数可以表示为

$$\nu_e = 0.05\Delta^2 \left(\frac{\mid \overline{\boldsymbol{W}} \mid^2 - \mid \overline{\boldsymbol{D}} \mid^2}{\mid \overline{\boldsymbol{W}} \mid^2 + \mid \overline{\boldsymbol{D}} \mid^2} \right)^{\frac{3}{2}} \mid \overline{\boldsymbol{D}} \mid \tag{5.94}$$

若不考虑推导上述模型时的假设，那么相干结构模型是通用模型，因为它不需要在滑移壁面进行修正以减少或者取消涡黏度系数的值。

近壁区域通常采用非均匀网格。当选择过滤器的宽度作为网格宽度时，SGS 涡流黏度系数受到网格分布的强烈影响。因此，推导出一个可普遍捕捉流动的渐近变化的 SGS 模型是困难的。若想正确地预测近壁流动物理现象，需要假设 LES 通过网格规模变量的流量不受 SGS 分量的强烈影响。

5.6.3　SGS 单方程模型

类似于开发 RANS 模型与湍流动力学的能量输运方程和应力方程的过程，在研究者研究 LES 模型开发的早期阶段，也有研究者尝试将 SGS 湍流动能输运方程和 LES 模型中的 SGS 湍流应力模型组合起来[29]。在 LES 中，作为流场主要特征的大规模结构一般是直接计算出来的。因此，对于湍流而言，SGS 波动的影响小于雷诺平均流场波动的影响。出于这个原因，在工程应用中并不常将 SGS 湍流模型复杂化。另一方面，模拟流场的问题在于，在亚网格波数中有相当一部分的能量频谱(例如，模拟地球规模的流体流动和带有颗粒、气泡或液滴的多相湍流流动)，它可能使得求解 SGS 物理的输运方程变得有意义。

RANS 模型中,常用两个方程确定涡流黏度。对于 LES,可以选择过滤器的宽度 Δ 代表 SGS 模型的长度尺度。因此,它似乎仅需要利用 SGS 湍流能量方程(5.32),并为动量方程(5.36)设置 SGS 涡流黏度系数为

$$\nu_e = C_\nu \Delta_\nu \sqrt{k_{SGS}} \tag{5.95}$$

该方法是从基础的 k_{SGS} 输运方程理论推导而来的单方程模型,可以为参考文献中描述的近壁面湍流做修正。

$$\frac{\overline{D}k_{SGS}}{\overline{D}t} = -\tau_{ij}\overline{D}_{ij} - C_\varepsilon \frac{k_{SGS}^{\frac{3}{2}}}{\overline{\Delta}} - \varepsilon_w + \frac{\partial}{\partial x_j}\left[\left(C_d\Delta_\nu\sqrt{\sqrt{k_{SGS}}+\nu}+\nu\right)\frac{\partial k_{SGS}}{\partial x_j}\right] \tag{5.96}$$

如果在壁面处作为边界条件将 k_{SGS} 设置为 0,则方程(5.94)不需要修正任何阻尼函数。然而,利用方程(5.96):

$$\Delta_\nu = \frac{\overline{\Delta}}{1+C_k\overline{\Delta}^2\mid\overline{D}\mid^2/k_{SGS}}, \quad \varepsilon_w = 2\nu\frac{\partial\sqrt{k_{SGS}}}{\partial x_j}\frac{\partial\sqrt{k_{SGS}}}{\partial x_j} \tag{5.97}$$

就会考虑到壁面附近的解析过程。对于上述模型,需要使用下列参数:

$$C_\nu = 0.05, \quad C_\varepsilon = 0.835, \quad C_d = 0.10, \quad C_k = 0.08 \tag{5.98}$$

可以考虑把 k_{SGS} 方程作为动态涡黏性模型的基础。但是,当涡流黏度作为负值导入 GS 的动量方程时,遇到较大的波动时涡流黏度可能呈现负值,因而 DSM 将导致计算不稳定。最初提出的动态模型是为了捕捉 GS 和 SGS 项之间的能量转移,这种转移是由方程(5.31)及方程(5.32)的右端第一项代表的。利用 DSM 评价 SGS 波动的扩散系数会有一些缺点。因此,因为 k_{SGS} 始终是正值,也可以考虑使用方程(5.95)来评估涡流黏度。这时,可以采用 τ_{ij} 使得计算涡流黏度的生成项变为

$$-\tau_{ij}\overline{D}_{ij} = 2C\overline{\Delta}^2\mid\overline{D}\mid^3 \tag{5.99}$$

而不是使用方程(5.95)。在上式中,通过 DSM 计算,可以确定 C。该模型被称为单方程动态 SGS 模型。

即使方程(5.99)导致 C_S 出现局部负值,但它只会使方程(5.95)给出的 k_{SGS} 和 ν_e 减少而不会成为负值。当生成项在层流区域变为零时,k_{SGS} 和 ν_e 会成为零。因此该方法不需要任何特殊的修正,也不需要在层流区域引入任何阻尼来抑制涡流黏度的非物理振荡。

5.7　大涡模拟的数值方法

LES 的本质是直接模拟大尺度涡流。LES 的有关数值方法可以基于在第 3 章中出现的非稳态 N-S 方程的讨论进行。下面讨论部分 LES 数值处理的唯一性。

5.7.1　SGS 涡流黏度计算

在司马格林斯基和 DSM 中,需要在方程(5.39)中的涡黏系数中计算特征滤波器的长度 Δ 以及应变率张量 $|\boldsymbol{D}|$ 值。就像在 3.6 节中定义的黏度项那样,涡流黏度项不能保持能量守恒。因此,过度提高涡流黏度项的精度级别的做法也许不能应用于其他项。然而,如 3.6 节所述,比较湍流能和雷诺应力的产生和分布或者评估亚网格尺度涡流黏度项的分布时,需要考虑兼容性。

在三维直角坐标系里,滤波器的特征长度可以写成下式:

$$\Delta = \sqrt[3]{\Delta_x \Delta_y \Delta_z} \tag{5.100}$$

式中,Δ_x、Δ_y 和 Δ_z 是 3 个方向各自的滤波宽度。上式右边是滤波后体积的平方根。可以利用雅可比坐标变换把它推广到广义坐标系:

$$\Delta = \sqrt[3]{J}, \quad J = \left| \frac{\partial x_i}{\partial \xi^j} \right| \tag{5.101}$$

这里滤波器的宽度和网格大小相等。可以用 $\Delta = \sqrt{\Delta_x^2 + \Delta_y^2 + \Delta_z^2}$ 来代替式(5.100),但是,这种选择使得一般坐标系统的变换变得困难。

应变速率张量的大小是

$$|\boldsymbol{D}|^2 = 2D_{ij}D_{ij} = 2(D_{11}^2 + D_{22}^2 + D_{33}^2) + 4(D_{12}^2 + D_{23}^2 + D_{31}^2) \tag{5.102}$$

对于笛卡儿坐标中的交错网格,可以按照下式对每一个 D_{ij} 分量进行评估:

$$D_{ij} = \frac{1}{2}(\delta_{x_j} u_i + \delta_{x_i} u_j) \tag{5.103}$$

当 $i=j$ 时,D_{ij} 位于网格中心;当 i 不等于 j 时,D_{ij} 位于网格边缘,如图 3.12 所示。因此,可以使用

$$|\boldsymbol{D}|^2 = 2(D_{xx}^2 + D_{yy}^2 + D_{zz}^2) + 4([\overline{D}_{xy}^{xy}]^2 + [\overline{D}_{yz}^{yz}]^2 + [\overline{D}_{zx}^{zx}]^2) \tag{5.104}$$

为了决定涡流黏度系数 ν_e 的值,需要计算位于网格中心的 $|\boldsymbol{D}|$ 值。可以利用网格中心的值进行插值得到网格边缘的 ν_e 值。对于在广义坐标系中的同位网格,可在单元面上计算所有的 D_{ij} 分量以确定(分子)黏性扩散通量。为了计算 ν_e,在每个网格的交界处计算 $|\boldsymbol{D}|$ 的值。对于在网格中心的 ν_e 值,可以按照网格中心或者网格表面的 $|\boldsymbol{D}|$ 值进行计算:

$$D_{ij} = \frac{1}{2}\left(\frac{\partial \xi^k}{\partial x_j}\delta'_{\xi_k} u_i + \frac{\partial \xi^k}{\partial x_i}\delta'_{\xi_k} u_j \right) \tag{5.105}$$

如图 3.12 所示,次网格尺度的涡流黏度系数 ν_e 可以由一个交错网格的网格中心计算出。因处于网格边缘,所以在计算亚网格尺度剪切应力分量时需要使用二维插值。对于同位网格,可以使用从网格中心到网格面的一维插值。图 5.9 所示为 X-Y 平面的插值方法举例。

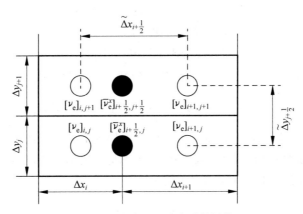

图 5.9 运动涡流黏度系数插值

网格表面的涡流黏度系数 $\left[\bar{\nu}_{\mathrm{e}}^{x}\right]_{i+\frac{1}{2},j}$ 可以通过解以下关系式得到：

$$\frac{1}{\left[\bar{\nu}_{\mathrm{e}}^{x}\right]_{i+1/2,j}} = \frac{1}{\Delta x_i + \Delta x_{i+1}}\left(\frac{\Delta x_i}{\nu_{ei,j}} + \frac{\Delta x_{i+1}}{\nu_{ei+1,j}}\right) \tag{5.106}$$

沿着网格边缘，方程(5.106)可以将 $\left[\bar{\nu}_{\mathrm{e}}^{xy}\right]_{i+\frac{1}{2},j+\frac{1}{2}}$ 扩展为二维：

$$\frac{1}{\left[\bar{\nu}_{\mathrm{e}}^{xy}\right]_{i+\frac{1}{2},j+\frac{1}{2}}} = \frac{1}{(\Delta x_i + \Delta x_{i+1})(\Delta y_j + \Delta y_{j+1})} \times$$

$$\left(\frac{\Delta x_i \Delta y_j}{\nu_{ei,j}} + \frac{\Delta x_{i+1}\Delta y_j}{\nu_{ei+1,j}} + \frac{\Delta x_i \Delta y_{j+1}}{\nu_{ei,j+1}} + \frac{\Delta x_{i+1}\Delta y_{j+1}}{\nu_{ei+1,j+1}}\right) \tag{5.107}$$

图 5.10 提供了根据多层壁面传热速率理论推导出运动(涡流)黏度系数插值方程的原理。系数在交界面表示为 ν，并按照扩散梯度计算流通量：

$$\tau = -\bar{\nu}\frac{-u_M + u_P}{\Delta_M + \Delta_P} \tag{5.108}$$

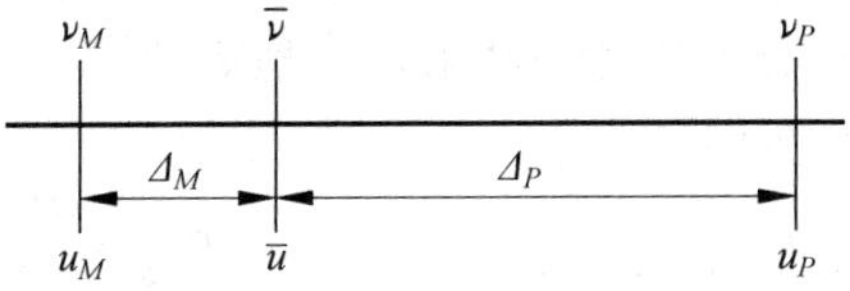

图 5.10 扩散系数(黏度)的插值

另一方面，假设应力在点 M 到点 P 的线段上为常数，并且在网格中黏度 ν 也为常数，可以把不同网格交界面值之间的差表达为 τ：

$$\tau = -\nu_M\frac{-u_M + \bar{u}}{\Delta_M} = -\nu_P\frac{-\bar{u} + u_P}{\Delta_P} \tag{5.109}$$

在上述方程中消除 $\bar{u}$，可以得到

$$\frac{1}{\overline{\nu}} = \frac{1}{\Delta_M + \Delta_P}\left(\frac{\Delta_M}{\nu_M} + \frac{\Delta_P}{\nu_P}\right) \tag{5.110}$$

当网格是均匀的$(\Delta_P = \Delta_M)$时，就变成了调和平均值。

计算得到的涡流黏度可以与式(5.16)结合得到

$$\frac{\partial \overline{u}_i}{\partial t} = \frac{\partial}{\partial x_i}\left[-\overline{u}_i\overline{u}_j - \frac{1}{\rho}\delta_{ij}\overline{P} + 2(\nu_e + \nu)\overline{D}_{ij}\right] \tag{5.111}$$

这是一个附加了黏滞系数的动量方程。该方程的数值处理方法按照第 3 章中讨论的处理方法来进行。需要提醒的是，网格尺度压力 P 不是直接确定的，而是在方程(5.111)以及方程(5.13)的耦合系统中通过修正压力确定的，即

$$\overline{P} = \overline{p} + \frac{1}{3}\rho\tau_{ij} \tag{5.112}$$

由于涡流黏度系数 ν_e 随时间和空间变化，它使用了含蓄的方法表达了隐式分子的黏度项(ν)。如果在壁面附近有足够的网格分辨率，在该区域的涡流黏度会明显衰减。换句话说，近壁面处的物理黏度决定了该区域的涡流黏度，这使得只有分子黏度项隐式才能被充分有效地处理。

5.7.2 滤波器的实施

对于尺度相似模型或动态模型，有必要对网格尺度流场进行过滤。首先，考虑如下一维滤波器：

$$\overline{u}(x) = \int_{-\infty}^{\infty} G(r)u(x-r)\mathrm{d}r \tag{5.113}$$

实际上，计算这个卷积是低效的。作为一种特殊情况，当存在周期方向时，可以利用傅里叶变换。按照式(5.11)，可以先对滤波函数进行傅里叶变换，再乘以傅里叶变换的场变量，该乘积过程的逆变换在物理空间产生一个被过滤的场变量。然而，这种方法并不常用。

在有限差分方法中，可以使数字滤波技术近似地表述在方程(5.113)中，非常实用。考虑 $u(x-r)$ 关于 x 的泰勒级数展开：

$$u(x-r) = u(x) - ru'(x) + \frac{r^2}{2}u''(x) - \frac{r^3}{6}u^{(3)}(x) + \frac{r^4}{24}u^{(4)}(x) - \cdots \tag{5.114}$$

并将其代入式(5.113)。对于以积分为单位的过滤偶函数 G，得到级数展开式：

$$\overline{u}(x) = u(x) + \gamma_2 u''(x) + \gamma_4 u^{(4)}(x) + \gamma_6 u^{(6)}(x) + \cdots \tag{5.115}$$

式中，γ_m 是一个依存于过滤函数的系数：

$$\gamma_m = \frac{1}{m!}\int_{-\infty}^{\infty} r^m G(r)\mathrm{d}r \tag{5.116}$$

对于由式(5.3)表示的箱式滤波器，其系数为

$$\gamma_m = \frac{2}{m!} \int_0^{\Delta/2} r^m \, \mathrm{d}r = \frac{\Delta^m}{2^m (m+1)!} \tag{5.117}$$

$$\gamma_2 = \frac{\Delta^2}{24}, \quad \gamma_4 = \frac{\Delta^4}{1920}, \quad \gamma_6 = \frac{\Delta^6}{322\,560}, \quad \cdots \tag{5.118}$$

对于由式(5.7)表示的高斯滤波器,其系数为

$$\gamma_m = \frac{(m-1)!}{12^{m/2} m!} \Delta^m \tag{5.119}$$

$$\gamma_2 = \frac{\Delta^2}{24}, \quad \gamma_4 = \frac{\Delta^4}{1152}, \quad \gamma_6 = \frac{\Delta^6}{82\,944}, \quad \cdots \tag{5.120}$$

其中,$(2n-1)!! = (2n-1)(2n-3)\cdots 3 \cdot 1$。用有限差分逼近式(5.115)中的导数,代入上述系数,可以逼近滤波效果。

对于式(2.19)中 u'' 的三点中心差分格式,可以将其计入到式(5.115)中的第二项中。在这种情况下,箱式滤波器和高斯滤波器提供了相同的有限差分格式:

$$\bar{u}_j = u_j + \frac{\Delta^2}{24} \frac{u_{j-1} - 2u_j + u_{j+1}}{\Delta_x^2} \tag{5.121}$$

如果过滤器宽度和网格大小相等,即 $\Delta = \Delta_x$,则可以得到

$$\bar{u}_j = \frac{u_{j-1} + 22u_j + u_{j+1}}{24} \tag{5.122}$$

如果过滤器的宽度是网格大小的两倍,即 $\Delta = 2\Delta_x$,则有

$$\bar{u}_j = \frac{u_{j-1} + 4u_j + u_{j+1}}{6} \tag{5.123}$$

如果利用方程(2.22)和方程(2.24)中 u'' 的五点中心差分格式分别计算 U 和 $U^{(4)}$,则可以估算方程(5.115)到第三项往后的结果。箱式滤波器产生一个近似计算:

$$\bar{u}_j = u_j + \frac{\Delta^2}{288} \frac{-u_{j-2} + 16u_{j-1} - 30u_j + 16u_{j+1} - u_{j+2}}{\Delta_x^2} +$$
$$\frac{\Delta^4}{1920} \frac{u_{j-2} - 4u_{j-1} + 6u_j - 4u_{j+1} + u_{j+2}}{\Delta_x^4} \tag{5.124}$$

如果过滤器的宽度与网格大小相等,即 $\Delta = \Delta_x$,则有

$$\bar{u}_j = \frac{-17u_{j-2} + 308u_{j-1} + 5178u_j + 308u_{j+1} - 17u_{j+2}}{5760} \tag{5.125}$$

如果滤波器的宽度是网格大小的 2 倍,即 $\Delta = 2\Delta_x$,则有

$$\bar{u}_j = \frac{-2u_{j-2} + 68u_{j-1} + 228u_j + 68u_{j+1} - 2u_{j+2}}{360} \tag{5.126}$$

另一方面,高斯滤波器提供了

$$\bar{u}_j = u_j + \frac{\Delta^2}{288} \frac{-u_{j-2} + 16u_{j-1} - 30u_j + 16u_{j+1} - u_{j+2}}{\Delta_x^2} +$$

$$\frac{\Delta^4}{1152} \frac{u_{j-2} - 4u_{j-1} + 6u_j - 4u_{j+1} + u_{j+2}}{\Delta_x^4} \tag{5.127}$$

可以推导出,当滤波器宽度等于网格大小($\Delta = \Delta_x$)时,

$$\bar{u}_j = \frac{-3u_{j-2} + 60u_{j-1} + 1038u_j + 60u_{j+1} - 3u_{j+2}}{1152} \tag{5.128}$$

当滤波器宽度等于网格大小的 2 倍($\Delta = 2\Delta_x$)时,

$$\bar{u}_j = \frac{u_{j-1} - 4u_j + u_{j+1}}{6} \tag{5.129}$$

式(5.129)与式(5.123)中三点差分的结果相同。

泰勒级数的展开对于邻域中扩张点的渐变函数是有效的。对于在 Δ 范围内实际有衰减的滤波器 G 来说较为实用。然而,有一个疑问,那就是式(5.115)应该保留多少项?如果保持高阶项来提高过滤操作的近似精度,就会像在式(5.125)、式(5.126)和式(5.128)中那样,出现负系数,而这种负系数是在原始过滤函数中不存在的。

5.7.3 边界条件和初始条件

实际上发生与 LES 有关的问题往往和数值设置有关,而不是和湍流模型本身有关。图 5.11 所示为一个流体流过放置在平板上的物体的例子。这里,必须指定入口、出口、无限远(两边和顶部)以及壁面的速度和压力等边界条件。

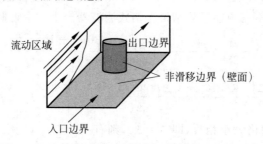

图 5.11   流体流过放置在平板上的物体的计算领域

模拟瞬态湍流时,入口处应提供包括波动在内的速度和压力边界条件,而这与需要一个捕捉湍流波动的理论解自相矛盾,所以指定湍流入口条件尤其困难。迄今为止还没有找到这样的解决方案,这正是 LES 和 DNS 依然是有力工具的确切原因。在实践中,只能提供一个近似的入口条件,加上一个足够长的使入口边界层充分上升的区域,以形成精确的湍流

分布。

可以采用相同流动条件下或基于 k-ε 模型的预测值的实验测量数据,来求解平均流速的分布。原则上,附加的波动应使得质量的计算满足连续性方程。实际上可以使用小分贝的随机噪声变动来模拟波动。如果正确放置不可压缩流场,可以在入口处将不满足连续性的分量(非螺线场)进行删除。

图 5.12 展示了一个将低水平随机噪声加到平均湍流边界层速度分布中,以入口速度条件开始的速度分布的典型演变过程。物理流场中,平均速度分布受到雷诺应力和黏性应力的影响。加入和平均速度分布无关的随机扰动($\overline{u_i' u_j'}$)(图 5.12(a)),由于流动的非均衡性,靠近壁面的流体被加速(图 5.12(b)),速度梯度逐渐增大,流体的波动和雷诺应力(图 5.12(c))逐渐增大,流动最终达到平衡状态(图 5.12(d))。在这种流动的发展过程中,需要一个较长的上升区域,在从图 5.12(b)到图 5.12(c)的过程中,水流表现出超调现象,从而使数值模拟变得不稳定。

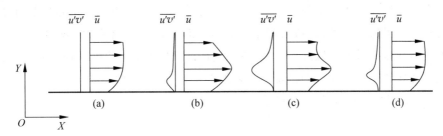

图 5.12 助跑区域速度和雷诺应力分布的演变过程

对于在空间发展的流场,可以考虑使用图 5.13 所示的用于非定常计算的 DNS 或 LES 设置的入口条件。一种选择是执行一个单独的非定常周期模拟(上游),并利用该流场的展向截面分布作为入口边界条件进行全非周期模拟。毫无疑问,使用这种周期性的入口条件会增加额外的计算负担。另一种方法是,使用实验中常用的方法,即不仅要考虑附加随机波动,还要考虑叠加非稳定模式(满足连续性方程),或在上升区域内,布置用来支持边界层生长的障碍物或设置粗糙度(不必非常精确)。然而,这些方法可能会受到数值不稳定性的影响。目前有很多正在进行的关于描述非稳定速度分布模型的研究开发,特别是在考虑大规模流动的建筑工程领域中,他们研究的描述非稳定速度分布的模型适用于强湍流边界流动。

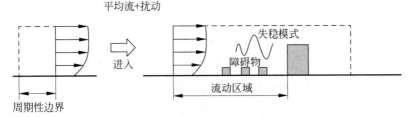

图 5.13 非周期瞬态紊流入口边界条件的例子

必须要知道的是,湍流涡旋不受从无限远边界流出流体引起的非物理应变或者有人工边界的数值反射的影响。边界条件可以像在 3.8.3 节或 3.8.4 节中讨论的那样实现。使用如方程(3.214)的对流边界条件,或使用如方程(3.223)包含黏性效应的牵引自由边界条件,可以把亚网格尺度湍流黏度 ν_e 加到运动黏度 ν 上。由于人工边界附近区域内的流动会受到影响,因此在最终分析中应排除此类区域中的这些数据。

对于壁面边界条件,可以采用 3.8.2 节中讨论过的方法。如 3.8.4 节所示,如果分别选择使用壁面法则或选择一直计算到黏性底层过程,可以考虑定义滑移或无滑移边界条件。

理想的初始条件应该是定义充分发展的紊流场,这个场类似于讨论过的入口边界条件和上升区那样,能够在短时间内达到稳定状态。一般来说,使用平均速度分布(从类似流动条件的测量中或从 $k\text{-}\varepsilon$ 模型计算中得到)与较小的随机噪声或失稳模态叠加作为初始条件。在这种情况下,达到如图 5.12 所示的那样空间变化稳定状态需要很长的计算时间。应该注意不要让中间过程发生数值不稳定的倾向。一般初始条件最有效的设定办法是通过在近似条件下的模拟获得瞬时流场,并从它开始计算(例如,存在但不同的 Re 或网格),但因为改变流场条件通常需要对计算域进行修改,所以这样的流场可能不容易获得。此外,数据的插值和粗化可能导致连续性方程的错误。不管怎么说,从相似的模拟中取得初始条件对于启动 DNS 或 LES 计算是非常有效和有益的。

5.7.4　数值精度的影响

正如前面所讨论的,LES 提供了附加涡流黏度项的 N-S 方程的非定常数值解。而 DNS 网格将被设置得足够精细,这样就可以忽略比网格小的流动尺度。LES 的网格尺度位于携带湍流能量的范围内。因此,LES 原则上应该比 DNS 有更高阶的精度。尽管如此,在现实中,DNS 可能并不一定是在最优的湍流尺度所对应的分辨率下执行的,而且常常需要更高阶的精度方法。另一方面,基于涡流黏度中 Δ_2 的选择的不明确性,LES 常常错误地估计所需要的精度。例如在高于二阶精度的情况下,使用司马格林斯基模型时,LES 认为只需要二阶空间精度。然而,正如从图 5.14 中观察到的,对比采用四阶中心差分格式和采用二阶中心差分格式的计算结果,发现基于司马格林斯基模型的 LES 计算相比 DNS 计算的结果要好得多。

此外,为了利用高阶湍流模型,高阶精度是必需的。确定最优的精度顺序并不容易。当使用粗网格时,需要提高空间精度以获得精确解。从高阶空间精度的类似于动态模型或结构函数模型等高阶模型中提取波数分量的模型效果都是很好的。

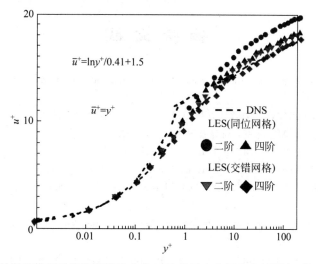

图 5.14 司马格林斯基模型对湍流通道流动的 LES 的可变位置和空间顺序(第二和第四)的影响

参 考 文 献

[1] ARIS R. Vectors,tensors and the basic equations of fluid mechanics[M]. North Chelmsford：Courier Corporation,2012.

[2] 王高雄,周之铭,朱思铭,等.常微分方程[M].北京：高等教育出版社,2006.

[3] 孔德兴.偏微分方程[M].北京：高等教育出版社,2006.

[4] 戴嘉尊.数学物理方程[M].南京：东南大学出版社,2002.

[5] HU C. Finite difference methods for ordinary and partial differential equations：steady-state and time-dependent problems（Classics in Applied Mathematics）[J]. Computing Reviews,2009,50(6)：343-344.

[6] LEVEQUE R J. Finite volume methods for hyperbolic problems(Vol. 31)[M]. Cambridge：Cambridge University Press,2002.

[7] POZRIKIDIS C. Introduction to finite and spectral element methods using MATLAB[M]. Boca Raton：Chapman and Hall/CRC,2005.

[8] 李人宪.有限体积法基础[M].北京：国防工业出版社,2008.

[9] CHSNER A. Computational statics and dynamics：an introduction based on the finite element method [M]. New York：Springer,2016.

[10] LELE S K. Compact finite difference schemes with spectral-like resolution[J]. Journal of Computational Physics,1992,103(1)：16-42.

[11] HARLOW F H,WELCH J E. Numerical calculation of time-dependent viscous incompressible flow of fluid with free surface[J]. Physics of Fluids,1965,8(12)：2182.

[12] AMSDEN A,HARLOW F. A simplified MAC technique for incompressible fluid flow calculations [J]. Journal of Computational Physics,1970,6：322-325.

[13] HIRT C W,COOK, J L. Calculating three-dimensional flows around structures and over rough terrain[J]. Journal of Computational Physics,1972,10(2)：324-340.

[14] KIM J,MOIN P. Application of a fractional-step method to incompressible Navier-Stokes equations [J]. Journal of Computational Physics,1985,59(2)：308-323.

[15] SAAD Y. Iterative methods for sparse linear systems[M]. 2nd ed. Philadelphia：Society for Industrial and Applied Mathematics,2003.

[16] TAMURA A,KIKUCHI K,TAKAHASHI T. Residual cutting method for elliptic boundary value problems[J]. Journal of Computational Physics,1997,137(2)：247-264.

[17] LEONARD B P. A stable and accurate convective modelling procedure based on quadratic upstream interpolation[J]. Computer Methods in Applied Mechanics and Engineering,1979,19(1)：59-98.

[18] DEARDORFF J W. A numerical study of three-dimensional turbulent channel flow at large Reynolds numbers[J]. Journal of Fluid Mechanics,1970,41(2)：453-480.

[19] SCHUMANN U. Subgrid scale model for finite difference simulations of turbulent flows in plane channels and annuli[J]. Journal of Computational Physics,1975,18(4)：376-404.

[20] MOIN P,KIM J. Numerical investigation of turbulent channel flow[J]. Journal of Fluid Mechanics,1982,118：341-377.

[21] KIM J,MOIN P,MOSER R. Turbulence statistics in fully developed channel flow at low Reynolds number[J]. Journal of Fluid Mechanics,1987,177: 133-166.

[22] CHAPMAN D R. Computational aerodynamics development and outlook[J]. AIAA Journal, 1979, 17(12): 1293-1313.

[23] BARDINA J,FERZIGER J H,REYNOLDS W C. Improved subgrid-scale models for large-eddy simulation[C]//13th Fluid and Plasmadynamics Conference,Jul 14-16,1980,Snowmass,CO,USA. [s. l.]: AIAA Meeting Paper,1980: 1357.

[24] GERMANO M,PIOMELLI U,MOIN P,et al. A dynamic subgrid-scale eddy viscosity model[J]. Physics of Fluids A: Fluid Dynamics,1991,3(7): 1760-1765.

[25] GHOSAL S,LUND T S,MOIN P,et al. A dynamic localization model for large-eddy simulation of turbulent flows[J]. Journal of Fluid Mechanics,1995,286: 229-255.

[26] METAIS O,LESIEUR M. Spectral large-eddy simulation of isotropic and stably stratified turbulence [J]. Journal of Fluid Mechanics,1992,239: 157-194.

[27] LESIEUR M,METAIS O. New trends in large-eddy simulations of turbulence[J]. Annual Review of Fluid Mechanics,1996,28(1): 45-82.

[28] KOBAYASHI H. The subgrid-scale models based on coherent structures for rotating homogeneous turbulence and turbulent channel flow[J]. Physics of Fluids,2005,17(4): 104.

[29] OKAMATO M, SHIMA N. Investigation for the one-equation-type subgrid model with eddy-viscosity expression including the shear-damping Effect[J]. Transactions of the Japan Society of Mechanical Engineers. Part B,1998,64.

管道内湍流的建模方法

这里以管道内湍流为例,详细介绍管道内湍流的建模方法。

A.1 计算域及边界

图 A.1 为管道内湍流计算域。管道左侧为流体入口,右侧为流体出口,其余为管道壁面。

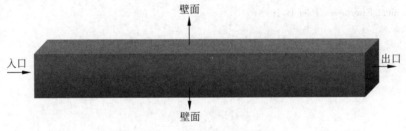

图 A.1 管道内湍流计算域

A.2 大涡模拟控制方程

相关大涡模拟控制方程已在第 5 章详细叙述,此处不再赘述。

A.3 大涡模拟网格设计

大涡模拟与直接数值模拟的网格相似。模拟中,计算域尺寸 $L_z > \min[2H, 10/(5Re_\tau)]$,网格纵横比 $\Delta_x^+/\Delta_z^+ = 2$。在 LES 中,使用非滑移边界

$$\Delta_{y_{\min}}^+ = 1$$

但是,要使用壁面函数,首先网格点应在对数区域内,$\Delta^+_{y_{\min}} = 30 \sim 100$。

在流道中心,$\dfrac{\Delta_y}{\Delta_z} = 1$。每个方向的网格点数与雷诺数成正比,雷诺数越大,网格越细。低阶精度(低分辨率)的数值方法需要更细的网格。

A.4 计算机代码

```
global NX NY NY1 NY2 NZ HX HY HZ DX DY DZ DYC DIVX COMX;
global IM IP KM KP YV YP;
global DT RET CSGS CAK;
global D1VNM D1VNP D1VM D1VP D0VM D0VP D0PM D0PP D1PM D1PP;
global D2VM D2V0 D2VP D2PM D2P0 D2PP DPPM DPP0 DPPP;
global D1IMP D1I0P D1IPP D1IMV D1I0V D1IPV;
global U V W P AK AKM UM VM WM;
global ISTART TSTEP ISTEP;
global S12L S12S S12V;
global BVU2 BVU3 BVU4 BVV2 BVV3 BVV4 BVW2 BVW3 BVW BVP2;
global ENE UME UMX URMSX URMSC VRMSC WRMSC;
global PM UR VR WR PR
global BXA BZA TXA TZA;
global UF UP UV WU VF VP WP WF UB VB WB;
global Q POIERR ITRP;
global CM1X C00X CP1X CM1Z C00Z CP1Z;

NX = 32;
NY = 64;
NZ = 32;

DT = 2.5e - 4;
RET = 360;
CSGS = 0.1;

ICOUNT = 0;
IRMS = 0;

SBRMSH;

% show mesh
xgrid = 0:DX:HX;
ygrid = 0:DY:HY;
zgrid = 0:DZ:HZ;
m = size(xgrid,2);
n = size(ygrid,2);
```

```
o = size(zgrid,2);

for I = 1:n
 ymesh = ygrid(I) * ones(o,m);
 mesh(xgrid,zgrid,ymesh);
 hold on;
end
 title('GRID in 3 - D Space');
 xlabel('X');ylabel('Z');zlabel('Y');


 xy  =  - 2.5 + 5 * gallery('uniformdata',[200 2],0);
 x = xy(:,1); y = xy(:,2);
 v = x. * exp( - x.^2 - y.^2);
 [xq,yq] = meshgrid( - 2:.2:2,  - 2:.2:2);
 vq = griddata(x,y,v,xq,yq);
 mesh(xq,yq,vq), hold on, plot3(x,y,v,'o'), hold off

xrst = xgrid';
yrst = zgrid';
v = xrst.^2 + yrst.^2;
[xq,yq] = meshgrid(0:0.04:3.2,0:.02:1.6);
vq = griddata(xrst,yrst,v,xq,yq);


 read initial field
 SBRDTR;

 ISTOP = 101;
 FLAG = 0;

Iteration for caculations
while (~FLAG)
SBRCON;
SBRVGT;
SBRSGS;
SBRFLX;
SBRRHS;

 if ICOUNT > = 1 & IRMS == 0
   SBRPRE(1.5D0, - 0.5D0); % Second - order A - B method,Tn

 else
   SBRPRE(1.0D0, 0.0D0); % Euler method,Tn - 1
```

```
    end

    SBRRHP;
    SBRSOR(200);
    SBRCOR;

    ICOUNT = ICOUNT + 1;
    ISTEP = ISTART + ICOUNT;
    TSTEP = TSTEP + DT;

    if (mod(ISTEP,50) == 0) | (ICOUNT < = 50)
    SBRUMR;
    SBRST1;
    SBRCHK;
    Flag1 = 1;
  end

    if mod(ISTEP,100) == 0
       SBRDTS;
    FLAG = 0;
    Flag2 = 1;
    break;
    end

    if ISTEP > =  ISTOP
    SBRDTS;
    FLAG = 0;
    Flag3 = 1;
    break;
    end

    if ISTEP > = 50 & DIVX > =  100
    disp('Stopped because of the numerical instability');
    FLAG = 0;
    Flag4 = 1;
    break;
    end

    end

  function MESH1P
   % C --- FDM operators for velocity at P points using data on V points ----
global NY DY;
global YV YP;
```

```
global D0PM D0PP D1PM D1PP;


    for J = 1:NY
       D0PM(J) = (YV(J + 1) - YP(J + 1))/DY(J);        % for interpolation
       D0PP(J) = (YP(J + 1) - YV(J))/DY(J);            % for interpolation
       D1PM(J) = - 1.D0/DY(J);                         % POISSON EQ.(3.80) Node j - 1, for difference
       D1PP(J) = 1.D0/DY(J);                           % POISSON EQ.(3.80) Node j, for difference
    End
function MESH1V

global NY NY1 DYC;
global YV YP;
global D1VNM D1VNP D1VM D1VP D0VM D0VP;



%  --- D1VNM,D1VNP: FDM operators at V points using data
%              on P points and INSIDE walls
%              with Neumann B.C.
%  --- D1VM,D1VP: FDM operators at V points using data
%              on P points and AT walls
%  --- D0VM,D0VP: Interpolation operators at V points using data on P points



for J = 1:NY - 1

    D1VNM(J + 1) = - 1.D0/DYC(J);
    D1VNP(J + 1) =  1.D0/DYC(J);


    D0VM(J) = (YP(J + 2) - YV(J + 1))/DYC(J);      % for interpolation
    D0VP(J) = (YV(J + 1) - YP(J + 1))/DYC(J);      % for interpolation


    D1VM(J + 1) = - 1.D0/DYC(J);
    D1VP(J + 1) =  1.D0/DYC(J);

end

%%   For the Neumann B.C. at the wall (DP/DY = 0) for Pressure
    D1VNM(1) =  0.D0;
    D1VNP(1) =  0.D0;
    D1VNM(NY1) =  0.D0;
    D1VNP(NY1) =  0.D0;

%     using Uw ( = 0) at y = 0, U(1) at YP(1), U(2) at YP(2)
%     DU/DY = - (YP(1) + YP(2))/YP(1)/YP(2) * Uw
```

```
%              + D1VM(0) * U(1) + D1VP(0) * U(2)

       DYP0 = YP(3) - YP(2);
       D1VM(1) = YP(3)/YP(2)/DYP0;
       D1VP(1) = - YP(2)/YP(3)/DYP0;
       DYPN = YP(NY1) - YP(NY);
       D1VM(NY1) = (1. - YP(NY1))/(1. - YP(NY))/DYPN;
       D1VP(NY1) = - (1. - YP(NY))/(1. - YP(NY1))/DYPN;
function MESH2P
% --- FDM operators for pressure's Poisson equation ------------------
global NY;
global D1VNM D1VNP D1PM D1PP;
global DPPM DPP0 DPPP;

  for J = 1:NY
    if J > 1
    DPPM(J) = D1PM(J) * D1VNM(J);
    end
    DPP0(J) = D1PM(J) * D1VNP(J) + D1PP(J) * D1VNM(J + 1);
    if J < NY
    DPPP(J) = D1PP(J) * D1VNP(J + 1);
    end

  end
function MESH2V

% C--- FDM operators for diffusion terms

global NY;
global D1VM D1VP D1PM D1PP;
global D2VM D2V0 D2VP D2PM D2P0 D2PP;


% C --- at V points -----------------
    for J = 1:NY - 1
    D2VM(J) = D1VM(J + 1) * D1PM(J);
    D2V0(J) = D1VM(J + 1) * D1PP(J) + D1VP(J + 1) * D1PM(J + 1);
    D2VP(J) = D1VP(J + 1) * D1PP(J + 1);
    end

% C --- at P points -----------------
    J = 1;
    D2P0(J) = D1PM(J) * D1VM(J) + D1PP(J) * D1VM(J + 1);
    D2PP(J) = D1PM(J) * D1VP(J) + D1PP(J) * D1VP(J + 1);
    for J = 2:NY - 1
```

```
        D2PM(J) = D1PM(J) * D1VM(J);
        D2PO(J) = D1PM(J) * D1VP(J) + D1PP(J) * D1VM(J + 1);
        D2PP(J) =            D1PP(J) * D1VP(J + 1);
        end
        J = NY;
        D2PM(J) = D1PM(J) * D1VM(J) + D1PP(J) * D1VM(J + 1);
        D2PO(J) = D1PM(J) * D1VP(J) + D1PP(J) * D1VP(J + 1);
    function MESHIN
    %  --- Mesh generation for Y direction -----------------


    global NY DY DYC;
    global D1IMP D1IOP D1IPP D1IMV D1IOV D1IPV


      for J = 1:NY
        if J == 1
        HM = DY(1)/2.D0;
        else
        HM = DYC(J - 1);
        end

        if J == NY
        HP = DY(NY)/2.D0;
        else
        HP = DYC(J);
        end

        D1IMP(J) = - HP/HM/(HM + HP);
        D1IOP(J) = ( - HM + HP)/HM/HP;
        D1IPP(J) =  HM/HP/(HM + HP);
      end


      for J = 1:NY - 1
        HM = DY(J);
        HP = DY(J + 1);
        D1IMV(J) = - HP/HM/(HM + HP);
        D1IOV(J) = ( - HM + HP)/HM/HP;
        D1IPV(J) =  HM/HP/(HM + HP);
      End
    function MESHXZ

    global NX NZ HX HZ DX DZ ;
    global IM IP KM KP;
    global RET;
    global BXA BZA TXA TZA;
```

```
global CM1X C00X CP1X CM1Z C00Z CP1Z;


    DX = 36/RET;
    DZ = 18/RET;
    HX = NX * DX;
    HZ = NZ * DZ;
    BXA = 1/DX;
    BZA = 1/DZ;
    TXA = BXA/2;
    TZA = BZA/2;

    % List vectors to identify the neighbouring point
    for I = 1:NX
     IP(I) = I + 1;
     IM(I) = I - 1;

     if(IP(I)> NX) IP(I) = IP(I) - NX;
     end

     if(IM(I)< 1) IM(I) = IM(I) + NX;
     end
    end

    for K = 1:NZ
     KP(K) = K + 1;
     KM(K) = K - 1;
     if(KP(K)> NZ) KP(K) = KP(K) - NZ;
     end

     if(KM(K)< 1) KM(K) = KM(K) + NZ;
     end
    end

    CM1X =  1.0/DX^2;
    C00X = - 2.0/DX^2;
    CP1X =  1.0/DX^2;
    CM1Z =  1.0/DZ^2;
    C00Z = - 2.0/DZ^2;
    CP1Z =  1.0/DZ^2;
function MESHY

global NY NY1 NY2 DX DY DZ DYC;
global YV YP;
global RET CSGS CAK;
```

```
      NY2 = NY + 2;
      NY1 = NY + 1;


%  Non - uniform mapping
      ALG = 0.95;
      AT = log((1 + ALG)/(1 - ALG))/2;


      YV(1) = 0;
      for J = 2:NY
      ETA = AT * ( - 1 + 2 * (J - 1)/NY);
      YV(J) = (tanh(ETA)/ALG + 1)/2;
      end


      YV(NY + 1) = 1;



      for J = 2:NY1
      ETA = AT * ( - 1 + 2 * ((J - 1) - 0.5)/NY);
      YP(J) = (tanh(ETA)/ALG + 1)/2;
      end
%  Outer points (half mesh)
      YP(1) = 2 * YV(1) - YP(2);
      YP(NY2) = 2 * YV(NY1) - YP(NY1);



          for J = 1:NY
          DY(J) = - YV(J) + YV(J + 1);
%  for Smagorinsky model
          YPLSP(J) = RET * min(YP(J + 1),(1 - YP(J + 1)));
          FS = 1 - exp( - YPLSP(J)/25);
          DS = (DX * DY(J) * DZ)^(1/3);
          CAK(J) = (CSGS * DS * FS)^2;
          end



      for J = 1:NY - 1
          DYC(J) = - YP(J + 1) + YP(J + 2);
      end


      for J = 1:NY + 1
          YPLSV(J) = RET * min(YV(J),(1 - YV(J)));
      End
function SBRCHK
```

```
% C *   SBR. CHK : CHECK of DIVERGENCE and COURANT - NUMBER    *


global NX NY NZ DX DY DZ DIVX COMX;
global IM KM;
global DT;
global D0PM D0PP D1PM D1PP;
global U V W
global UR

    DIVX = 0. D0;
    COMX = 0. D0;


    for J = 1:NY
        DNOMAL = (DX * DY(J) * DZ)^(1.D0/3.D0)/UR(J);
        for I = 1:NX
            for K = 1:NZ
                DIV = ( - U(K,IM(I),J) + U(K,I,J))/DX + D1PM(J) * V(K,I,J) + D1PP(J) * V(K,I,J + 1) +
( - W(KM(K),I,J) + W(K,I,J))/DZ;
                UCP = (U(K,IM(I),J) + U(K,I,J))/2.D0;
                WCP = (W(KM(K),I,J) + W(K,I,J))/2.D0;
                VCP = D0PM(J) * V(K,I,J) + D0PP(J) * V(K,I,J + 1);
                DIVX = max(DIVX,DNOMAL * DIV);
                COU = DT * (abs(UCP)/DX + abs(VCP)/DY(J) + abs(WCP)/DZ);
                COMX = max(COMX,COU);
            end
        end
    end
  function SBRCON


% C * SBR. CON : NONLINEAR TERM --- CONSISTENT FORM *

    SBRNLU;
    SBRNLV;
    SBRNLW;
function SBRCOR


% *   SBR. COR : COMPRETE TIME - MARCHING BY PRESSURE GRADIENT    *


global NX NY NZ DX DZ;
global IP KP;
global DT;
global D1VNM D1VNP;
global U V W P


    TX = DT/DX;
```

```
        TZ = DT/DZ;
        for J = 1:NY
            for I = 1:NX
                for K = 1:NZ
                    U(K,I,J) = U(K,I,J) - TX * ( - P(K,I,J) + P(K,IP(I),J));
                    W(K,I,J) = W(K,I,J) - TZ * ( - P(K,I,J) + P(KP(K),I,J));
                end
            end
        end

        for J = 1:NY - 1
            for I = 1:NX
                for K = 1:NZ
                    V(K,I,J + 1) = V(K,I,J + 1) - DT * (D1VNM(J + 1) * P(K,I,J) + D1VNP(J + 1) * P(K,I,J + 1));
                end
            end
        end
function SBRDTR

global NX NY NY1 NZ
global ISTART TSTEP
global U V W P

ISTART = 100;
TSTEP = 0.01;

Ufile = importdata('cs3701u.d', '', 1);
Ufile.data = Ufile.data';
Uvector = Ufile.data(:);
n = 1;
for J = 1:NY
    for I = 1:NX
        for K = 1:NZ
    U(K,I,J) = Uvector(n);
    n = n + 1;
        end
    end
end

Vfile = importdata('cs3701v.d', '', 1);
Vfile.data = Vfile.data';
Vvector = Vfile.data(:);
n = 1;
for J = 1:NY1
    for I = 1:NX
```

```
        for K = 1:NZ
            V(K,I,J) = Vvector(n);
            n = n + 1;
        end
    end
end

Wfile = importdata('cs3701w.d', '', 1);
Wfile.data = Wfile.data';
Wvector = Wfile.data(:);
n = 1;
for J = 1:NY
    for I = 1:NX
        for K = 1:NZ
            W(K,I,J) = Wvector(n);
            n = n + 1;
        end
    end
end

Pfile = importdata('cs3701p.d', '', 1);
Pfile.data = Pfile.data';
Pvector = Pfile.data(:);
n = 1;
for J = 1:NY
    for I = 1:NX
        for K = 1:NZ
            P(K,I,J) = Pvector(n);
            n = n + 1;
        end
    end
end
function SBRDTS

global NX NY NZ;
global TSTEP ISTEP;
global U V W P;

n = 1;
for J = 1:NY
    for I = 1:NX
        for K = 1:NZ
    Uvector(n) = U(K,I,J);
    n = n + 1;
        end
```

```
        end
    end
fid = fopen('cs3702u.d','w');
fprintf(fid,'%10i %10.5f\n',ISTEP,TSTEP);
fprintf(fid,'%10.5f %10.5f %10.5f %10.5f %10.5f %10.5f %10.5f %10.5f\n',Uvector);
fclose(fid);


n = 1;
for J = 1:NY
    for I = 1:NX
        for K = 1:NZ
    Vvector(n) = V(K,I,J);
    n = n + 1;
        end
    end
end
fid = fopen('cs3702v.d','w');
fprintf(fid,'%10i %10.5f\n',ISTEP,TSTEP);
fprintf(fid,'%10.5f %10.5f %10.5f %10.5f %10.5f %10.5f %10.5f %10.5f\n',Vvector);
fclose(fid);


n = 1;
for J = 1:NY
    for I = 1:NX
        for K = 1:NZ
    Wvector(n) = W(K,I,J);
    n = n + 1;
        end
    end
end
fid = fopen('cs3702w.d','w');
fprintf(fid,'%10i %10.5f\n',ISTEP,TSTEP);
fprintf(fid,'%10.5f %10.5f %10.5f %10.5f %10.5f %10.5f %10.5f %10.5f\n',Wvector);
fclose(fid);


n = 1;
for J = 1:NY
    for I = 1:NX
        for K = 1:NZ
    Pvector(n) = P(K,I,J);
    n = n + 1;
        end
    end
end
```

```
fid = fopen('cs3702p.d','w');
fprintf(fid,'%10i %10.5f\n',ISTEP,TSTEP);
fprintf(fid,'%10.5f %10.5f %10.5f %10.5f %10.5f %10.5f %10.5f %10.5f\n',Pvector);
fclose(fid);
function SBRFLX

% *   SBR. FLX : VISCOS AND SGS TERMS   *

global NX NY NY1 NZ;
global IP KP ;
global RET;
global AK
global UP UV WU VP VW WP ;

% *** Conservative form
% *  US = (U(K,IM(I),J) + U(K,I,J))/2.
% *  VS = (V(K,I,J-1) + V(K,I,J))/2.
% *  WS = (W(KM(K),I,J) + W(K,I,J))/2.
% *  UP(K,I,J) = -US**2 + AS*UP(K,I,J)
% *  VP(K,I,J) = -VS**2 + AS*VP(K,I,J)
% *  WP(K,I,J) = -WS**2 + AS*WP(K,I,J)
% *  WU(K,I,J) = -(W(K,I,J) + W(K,IP(I),J)) * (U(K,I,J) + U(KP(K),I,J))/4.D0 + AS*WU(K,I,J)
% *  UV(K,I,J) = -(U(K,I,J) + U(K,I,J+1)) * (V(K,I,J) + V(K,IP(I),J))/4.D0 + AS*UV(K,I,J)
% *  VW(K,I,J) = -(V(K,I,J) + V(KP(K),I,J)) * (W(K,I,J) + W(K,I,J+1))/4.D0 + AS*VW(K,I,J)

for J = 1:NY
    for I = 1:NX
        for K = 1:NZ
            AS = 2.D0 * (1.D0/RET + AK(K,I,J));
            UP(K,I,J) = AS*UP(K,I,J);
            VP(K,I,J) = AS*VP(K,I,J);
            WP(K,I,J) = AS*WP(K,I,J);
            AS = 1.D0/RET + (AK(K,I,J) + AK(K,IP(I),J) + AK(KP(K),I,J) + AK(KP(K),IP(I),J))/4.D0;
            WU(K,I,J) = AS*WU(K,I,J);
        end
    end
end



for J = 2:NY
    for I = 1:NX
        for K = 1:NZ
            AS = 1.D0/RET + (AK(K,I,J-1) + AK(K,IP(I),J-1) + AK(K,I,J) + AK(K,IP(I),J))/4.D0;
```

```
            UV(K,I,J) = AS * UV(K,I,J);
            AS = 1.D0/RET + (AK(K,I,J-1) + AK(K,I,J) + AK(KP(K),I,J-1) + AK(KP(K),I,J))/4.D0;
            VW(K,I,J) = AS * VW(K,I,J);
        end
    end
end


for I = 1:NX
    for K = 1:NZ
        UV(K,I,1) = UV(K,I,1)/RET;
        VW(K,I,1) = VW(K,I,1)/RET;
    end
end

for I = 1:NX
    for K = 1:NZ
        UV(K,I,NY1) = UV(K,I,NY1)/RET;
        VW(K,I,NY1) = VW(K,I,NY1)/RET;
    end
end
function SBRMSH

global NY HX HY HZ DX DY DZ ;
global YP;
global RET;


MESHXZ;
MESHY;

% Output some parameters
HXplus = RET * HX;
DXplus = RET * DX;
HZplus = RET * HZ;
DZplus = RET * DZ;
HY = 1;
DYmin = DY(1);
DYmax = DY(NY/2);
DYminplus = RET * DY(1);
DYmaxplus = RET * DY(NY/2);
YP1plus = RET * YP(1);

MESH1V;
MESH1P;
```

```
MESH2V;
MESH2P;
MESHIN;
function SBRNLU

global NX NY NZ NY1;
global IM IP KM KP;
global D1VM D1VP D0PM D0PP;
global U V W;
global UF UP UV WU
global TXA TZA;


% ... UP: - U^XU_X at P, WU: - W^XU_Z at WU
    for J = 1:NY
     for I = 1:NX
      for K = 1:NZ
    UP(K,I,J) = - TXA * (U(K,IM(I),J) + U(K,I,J)) * ( - U(K,IM(I),J) + U(K,I,J));
    WU(K,I,J) = - TZA * (W(K,I,J) + W(K,IP(I),J)) * ( - U(K,I,J) + U(KP(K),I,J));
       end
      end
     end

% ... UV: - V^XU_Y at UV
    for J = 2:NY
     for I = 1:NX
      for K = 1:NZ
    UV(K,I,J) = - (D1VM(J) * U(K,I,J-1) + D1VP(J) * U(K,I,J)) * (V(K,I,J) + V(K,IP(I),J))/2.D0;
       end
      end
     end

    for I = 1:NX
     for K = 1:NZ
    UV(K,I,1) = 0.D0;
      end
     end

    for I = 1:NX
     for K = 1:NZ
    UV(K,I,NY1) = 0.D0;
      end
     end
```

```matlab
%  ... UF: - (U^XU_X)^X - (V^XU_Y)^Y - (W^XU_Z)^Z at U
    for J = 1:NY
     for I = 1:NX
      for K = 1:NZ
          % P104 EQ. 3.127 extend to 3D

UF(K,I,J) = (UP(K,I,J) + UP(K,IP(I),J) + WU(KM(K),I,J) + WU(K,I,J))/2.D0 + DOPM(J) * UV(K,I,J) +
DOPP(J) * UV(K,I,J + 1);
          end
        end
      end
function SBRNLV

global NX NY NZ NY1;
global IM IP KM KP;
global DOVM DOVP DOPM DOPP D1PM D1PP;
global U V W;
global VF VP UV VW;
global TXA TZA BXA BZA;

%  ... VP: - (V^Y * V_Y)^Y at P
    for J = 1:NY
     for I = 1:NX
      for K = 1:NZ
      VP(K,I,J) = - (DOPM(J) * V(K,I,J) + DOPP(J) * V(K,I,J + 1)) * (D1PM(J) * V(K,I,J) + D1PP(J)
* V(K,I,J + 1));
          end
        end
      end

%  %  ... UV: - (U^Y * V_X) at UV, VW: - (W^Y * V_Z) at VW
    for J = 1:NY - 1
     for I = 1:NX
      for K = 1:NZ
      UV(K,I,J + 1) = - (DOVM(J) * U(K,I,J) + DOVP(J) * U(K,I,J + 1)) * BXA * ( - V(K,I,J + 1) + V
(K,IP(I),J + 1));
      VW(K,I,J + 1) = - (DOVM(J) * W(K,I,J) + DOVP(J) * W(K,I,J + 1)) * BZA * ( - V(K,I,J + 1) + V
(KP(K),I,J + 1));
          end
        end
      end

%  %  ... VF: - (U^Y * V_X)^X - (V^Y * V_Y)^Y - (W^Y * V_Z)^Z at V
    for J = 1:NY - 1
     for I = 1:NX
```

```matlab
      for K = 1:NZ

VF(K,I,J) = (UV(K,IM(I),J + 1) + UV(K,I,J + 1) + VW(KM(K),I,J + 1) + VW(K,I,J + 1))/2.D0 + D0VM
(J) * VP(K,I,J) + D0VP(J) * VP(K,I,J + 1);
        end
      end
    end
    VF = VF(1:NZ,1:NX,1:NY - 1);
function SBRNLW

global NX NY NZ NY1;
global IM IP KM KP;
global D0VM D0VP D0PM D0PP D1PM D1PP D1VM D1VP ;
global U V W;
global WU VW WP WF;
global TXA TZA BXA BZA;

% ... WU: - U^ZW_X at UW, WP: - W^ZW_Z at P
  for J = 1:NY
   for I = 1:NX
     for K = 1:NZ
  WU(K,I,J) = - TXA * (U(K,I,J) + U(KP(K),I,J)) * ( - W(K,I,J) + W(K,IP(I),J));
  WP(K,I,J) = - TZA * (W(KM(K),I,J) + W(K,I,J)) * ( - W(KM(K),I,J) + W(K,I,J));
       end
     end
   end

% ... VW: - V^ZW_Y at VW
   for J = 2:NY
    for I = 1:NX
     for K = 1:NZ
   VW(K,I,J) = - (D1VM(J) * W(K,I,J - 1) + D1VP(J) * W(K,I,J)) * (V(K,I,J) + V(KP(K),I,J))/2;
      end
    end
   end

   for I = 1:NX
    for K = 1:NZ
  VW(K,I,1) = 0.D0;
    end
   end

   for I = 1:NX
    for K = 1:NZ
  VW(K,I,NY1) = 0.D0;
```

```matlab
        end
    end

% ... WF: - (U^ZW_X)^X - (V^ZW_Y)^Y - (W^ZW_Z)^Z at W
    for J = 1:NY
        for I = 1:NX
            for K = 1:NZ

WF(K,I,J) = (WU(K,IM(I),J) + WU(K,I,J) + WP(K,I,J) + WP(KP(K),I,J))/2 + DOPM(J) * VW(K,I,J) +
DOPP(J) * VW(K,I,J + 1);
            end
        end
    end
function SBRPRE(AB,BB)

% *    SBR. PRE : FRACTIONAL STEP    *

global NX NY NZ;
global DT ;
global U V W
global UF VF WF UB VB WB;

    DAB = AB * DT;
    DBB = BB * DT;
    UB = zeros(NZ,NX,NY);
    WB = zeros(NZ,NX,NY);
    VB = zeros(NZ,NX,NY - 1);
    for J = 1:NY
        for I = 1:NX
            for K = 1:NZ
                UF(K,I,J) = UF(K,I,J) + 2.D0;
                U(K,I,J) = U(K,I,J) + DAB * UF(K,I,J) + DBB * UB(K,I,J);
                W(K,I,J) = W(K,I,J) + DAB * WF(K,I,J) + DBB * WB(K,I,J);
                UB(K,I,J) = UF(K,I,J);
                WB(K,I,J) = WF(K,I,J);
            end
        end
    end

    for J = 1:NY - 1
        for I = 1:NX
            for K = 1:NZ
                V(K,I,J + 1) = V(K,I,J + 1) + DAB * VF(K,I,J) + DBB * VB(K,I,J);
                VB(K,I,J) = VF(K,I,J);
            end
```

```
        end
    end
function SBRRHP

%  *   SBR. RHP : R.H.S. OF POISSON EQ.   *

global NX NY NZ DX DZ;
global IM KM;
global DT;
global D1PM D1PP;
global U V W
global Q


for J = 1:NY
    for I = 1:NX
        for K = 1:NZ
            % Eq.(3.80) of P.88 in Kajishima's Book,V(j) not equal to U,W(j)
            Q(K,I,J) = ((-U(K,IM(I),J) + U(K,I,J))/DX + D1PM(J) * V(K,I,J) + D1PP(J) * V(K,I,J +
1) + (-W(KM(K),I,J) + W(K,I,J))/DZ)/DT;
        end
    end
end
function SBRRHS

%  *   SBR. RHS : R.H.S OF EQUATION OF MOTION (EXCEPT FOR PRESSURE)   *

global NX NY NZ DX DY DZ DYC;
global IM IP KM KP ;
global UF UP WU VF VP UV VW WP WF;

for J = 1:NY
    for I = 1:NX
        for K = 1:NZ
            UF(K,I,J) = UF(K,I,J) + (-UP(K,I,J) + UP(K,IP(I),J))/DX + (-UV(K,I,J) + UV(K,I,J +
1))/DY(J) + (-WU(KM(K),I,J) + WU(K,I,J))/DZ;
            WF(K,I,J) = WF(K,I,J) + (-WU(K,IM(I),J) + WU(K,I,J))/DX + (-VW(K,I,J) + VW(K,I,J +
1))/DY(J) + (-WP(K,I,J) + WP(KP(K),I,J))/DZ;
        end
    end
end

for J = 1:NY - 1
    for I = 1:NX
        for K = 1:NZ
            VF(K,I,J) = VF(K,I,J) + (-UV(K,IM(I),J + 1) + UV(K,I,J + 1))/DX + (-VP(K,I,J) + VP
```

```
(K,I,J+1))/DYC(J) + ( - VW(KM(K),I,J+1) + VW(K,I,J+1))/DZ;
      end
    end
end
function SBRRHS

%  *   SBR. RHS : R.H.S OF EQUATION OF MOTION (EXCEPT FOR PRESSURE)   *

global NX NY NZ DX DY DZ DYC;
global IM IP KM KP ;
global UF UP WU VF VP UV VW WP WF;

for J = 1:NY
   for I = 1:NX
      for K = 1:NZ
         UF(K,I,J) = UF(K,I,J) + ( - UP(K,I,J) + UP(K,IP(I),J))/DX + ( - UV(K,I,J) + UV(K,I,J +
1))/DY(J) + ( - WU(KM(K),I,J) + WU(K,I,J))/DZ;
         WF(K,I,J) = WF(K,I,J) + ( - WU(K,IM(I),J) + WU(K,I,J))/DX + ( - VW(K,I,J) + VW(K,I,J +
1))/DY(J) + ( - WP(K,I,J) + WP(KP(K),I,J))/DZ;
      end
   end
end

for J = 1:NY - 1
   for I = 1:NX
      for K = 1:NZ
         VF(K,I,J) = VF(K,I,J) + ( - UV(K,IM(I),J+1) + UV(K,I,J+1))/DX + ( - VP(K,I,J) + VP
(K,I,J+1))/DYC(J) + ( - VW(KM(K),I,J+1) + VW(K,I,J+1))/DZ;
      end
   end
end
function SBRSOR(ISOR)

%  *   SBR. SOR : S.O.R. SCHEME FOR POISSON EQ.   *

global NX NY NZ ;
global IM IP KM KP ;
global DPPM DPP0 DPPP;
global P
global Q POIERR ITRP
global CM1X C00X CP1X CM1Z C00Z CP1Z;

   ITRP = 0;
   SUMS = 0.D0;
   flag = 0;
```

```
    for J = 1:NY
        for I = 1:NX
            for K = 1:NZ
                SUMS = SUMS + Q(K,I,J)^2;
            end
        end
    end


    while (~flag)

    ITRP = ITRP + 1;

    SUMR = 0.;

    for J = 1:NY

        C00 = C00X + C00Z + DPP0(J);
        DPC = - 1.5D0/C00;

      if J == 1
        %    DO 31 L = 1,2
        %    *** CHECKER BORD S.O.R. METHOD
        %    * VDIR NODEP(P)
        %    DO 31 K = L,NZ,2
        for I = 1:NX
          for K = 1:NZ

RESI = CM1X * P(K,IM(I),J) + CM1Z * P(KM(K),I,J) + C00 * P(K,I,J) + CP1Z * P(KP(K),I,J) + CP1X * P
(K,IP(I),J) + DPPP(J) * P(K,I,J + 1) - Q(K,I,J);
          P(K,I,J) = P(K,I,J) + RESI * DPC;
          SUMR = SUMR + RESI^2;
        end
      end

      elseif J < NY

        %    DO 30 L = 1,2
        %    *** CHECKER BORD S.O.R. METHOD
        %    * VDIR NODEP(P)
        %    DO 30 K = L,NZ,2
        for I = 1:NX
          for K = 1:NZ
            RESI = DPPM(J) * P(K,I,J - 1) + CM1X * P(K,IM(I),J) + CM1Z * P(KM(K),I,J) + C00 * P(K,
I,J) + CP1Z * P(KP(K),I,J) + CP1X * P(K,IP(I),J) + DPPP(J) * P(K,I,J + 1) - Q(K,I,J);
          P(K,I,J) = P(K,I,J) + RESI * DPC;
```

```
                SUMR = SUMR + RESI^2;
          end
        end

        else
%       DO 32 L = 1,2
%       *** CHECKER BORD S.O.R. METHOD
%        * VDIR NODEP(P)
%       DO 32 K = L,NZ,2
      for I = 1:NX
        for K = 1:NZ
          RESI = DPPM(J) * P(K,I,J-1) + CM1X * P(K,IM(I),J) + CM1Z * P(KM(K),I,J) + C00 * P(K,
I,J) + CP1Z * P(KP(K),I,J) + CP1X * P(K,IP(I),J) - Q(K,I,J);
          P(K,I,J) = P(K,I,J) + RESI * DPC;
          SUMR = SUMR + RESI^2;
        end
      end
    end

    end

    POIERR = sqrt(SUMR/SUMS);                    % Eq.(3.100)

    if (ITRP > ISOR) | (POIERR < 1e-3)           % ERR = 1e-3
      flag = 0;
      break;
    end

  end
function SBRST1
% C --- Mean Velocity and Turbulence Intensity-----------------

global NY NY1 DY DYC;
global BVU2 BVV2 BVW2 BVP2
global ENE UME UMX URMSX URMSC VRMSC WRMSC
global UM VM WM PM UR VR WR PR

  ENE = 0.D0;
  UME = 0.D0;
  UMX = 0.D0;
  URMSX = 0.D0;

  BVP2 = zeros(1,NY);
  PM = zeros(1,NY);
  VR = zeros(1,NY1);
```

```
   for J = 1:NY
     UR(J) = sqrt(BVU2(J) - UM(J)^2);
     WR(J) = sqrt(BVW2(J) - WM(J)^2);
     PR(J) = sqrt(BVP2(J) - PM(J)^2);
     ENE = ENE + DY(J) * (UR(J)^2 + WR(J)^2);
     UME = UME + DY(J) * UM(J);
     UMX = max(UMX,UM(J));
     URMSX = max(URMSX,UR(J));
   end

   for J = 1:NY - 1
     VR(J + 1) = sqrt(BVV2(J + 1) - VM(J + 1)^2);
     ENE = ENE + DYC(J) * VR(J + 1)^2;
   end

  URMSC = (UR(NY/2) + UR(NY/2 + 1))/2.D0;
  VRMSC = VR(NY/2);
  WRMSC = (WR(NY/2) + WR(NY/2 + 1))/2.D0;
  ENE = ENE/2.D0;
function SBRUMR

%  *   SBR. UMR : MEAN & RMS VALUES   *

global NX NY NY1 NZ DX DYC;
global IP ;
global D0VM D0VP
global U V W AK AKM UM VM WM
global S12L S12S
global BVU2 BVV2 BVW2

  ARXZ = 1./(NX * NZ);
  for J = 1:NY
     SUMU1 = 0.D0;
     SUMU2 = 0.D0;
     SUMW1 = 0.D0;
     SUMW2 = 0.D0;
     SUMA1 = 0.D0;
     for I = 1:NX
       for K = 1:NZ
         SUMU1 = SUMU1 + U(K,I,J);
         SUMU2 = SUMU2 + U(K,I,J)^2;
         SUMW1 = SUMW1 + W(K,I,J);
         SUMW2 = SUMW2 + W(K,I,J)^2;
         SUMA1 = SUMA1 + AK(K,I,J);
```

```
        end
      end
      UM(J) = ARXZ * SUMU1;
      BVU2(J) = ARXZ * SUMU2;
      WM(J) = ARXZ * SUMW1;
      BVW2(J) = ARXZ * SUMW2;
      AKM(J) = ARXZ * SUMA1;
    end


    VM = zeros(1,NY1);
    BVV2 = zeros(1,NY1);
    S12L = zeros(1,NY1);
    S12S = zeros(1,NY1);


    for J = 1:NY - 1
      SUMV1 = 0.D0;
      SUMV2 = 0.D0;
      SUMUV = 0.D0;
      SUMRS = 0.D0;
      for I = 1:NX
        for K = 1:NZ
          SUMV1 = SUMV1 + V(K,I,J + 1);
          SUMV2 = SUMV2 + V(K,I,J + 1)^2;
          SUMUV = SUMUV + (D0VM(J) * U(K,I,J) + D0VP(J) * U(K,I,J + 1)) * (V(K,I,J + 1) + V(K,IP
(I),J + 1));
          SUMRS = SUMRS - (AK(K,I,J) + AK(K,IP(I),J) + AK(K,I,J + 1) + AK(K,IP(I),J + 1))/4.D0
 * ((- U(K,I,J) + U(K,I,J + 1))/DYC(J) + (- V(K,I,J + 1) + V(K,IP(I),J + 1))/DX);
        end
      end
      VM(J + 1) = ARXZ * SUMV1;
      BVV2(J + 1) = ARXZ * SUMV2;
      S12L(J + 1) = ARXZ * SUMUV/2.D0;
      S12S(J + 1) = ARXZ * SUMRS;
    End
function SBRVGT

%  *   SBR. VGT : VELOCITY GRADIENT TENSOR   *

global NX NY NY1 NZ DX DY DZ DYC;
global IM IP KM KP;
global D1VM D1VP;
global U V W
global UP UV WU VP VW WP;
```

```
% P117 EQ.s

   for J = 1:NY
    for I = 1:NX
      for K = 1:NZ
UP(K,I,J) = ( - U(K,IM(I),J) + U(K,I,J))/DX;
VP(K,I,J) = ( - V(K,I,J) + V(K,I,J + 1))/DY(J);
WP(K,I,J) = ( - W(KM(K),I,J) + W(K,I,J))/DZ;
WU(K,I,J) = ( - W(K,I,J) + W(K,IP(I),J))/DX + ( - U(K,I,J) + U(KP(K),I,J))/DZ;
      end
    end
   end

   for J = 2:NY
    for I = 1:NX
      for K = 1:NZ
UV(K,I,J) = ( - U(K,I,J - 1) + U(K,I,J))/DYC(J - 1) + ( - V(K,I,J) + V(K,IP(I),J))/DX;
VW(K,I,J) = ( - V(K,I,J) + V(KP(K),I,J))/DZ + ( - W(K,I,J - 1) + W(K,I,J))/DYC(J - 1);
      end
    end
   end

   for I = 1:NX
    for K = 1:NZ
UV(K,I,1) = D1VM(1) * U(K,I,1) + D1VP(1) * U(K,I,2);
UV(K,I,NY1) = D1VM(NY1) * U(K,I,NY - 1) + D1VP(NY1) * U(K,I,NY);
VW(K,I,1) = D1VM(1) * W(K,I,1) + D1VP(1) * W(K,I,2);
VW(K,I,NY1) = D1VM(NY1) * W(K,I,NY - 1) + D1VP(NY1) * W(K,I,NY);
    end
   end
```